DIE

OBERELSÄSSISCHE BAUMWOLLINDUSTRIE

UND DIE

DEUTSCHE GEWERBEORDNUNG.

EINE ERWIDERUNG AN MEINE GEGNER

VON

DR. HEINRICH HERKNER
AUS REICHENBERG I. B.

STRASSBURG.
KARL J. TRÜBNER.
1887.

G. Otto's Hof-Buchdruckerei in Darmstadt.

INHALT.

Berichtigung.

Seite 1, Zeile 5 v. o. lies «saltat» statt «saltot»

I.

MEINE GEGNER.

Meine Studien über «die oberelsässische Baumwollindustrie und ihre Arbeiter» lagen im Manuskripte vollendet vor. Gleichwohl genoss ich nicht jener Stimmung, der ein mittelalterlicher Mönch mit dem nicht ganz klassischen Verse: «libro completo saltot scriptor pede laeto» einen kräftigen Ausdruck verliehen hat. Im Gegenteile, ich litt unter einer gewissen Niedergeschlagenheit. Dieselbe war aber weder die Frucht einer geistigen Ermüdung, noch entsprang sie der Besorgnis vor gefährlichen Gegnern, die mir erstehen könnten. Ich fürchtete vielmehr die Arbeit, auf die ich so viel Liebe und Mühe verwendet, würde gänzlich todtgeschwiegen werden. Besassen doch weder die oberelsässischen Grossindustriellen noch die deutsche Verwaltung ein Interesse, die öffentliche Aufmerksamkeit auf meine Schrift zu lenken; für Arbeiter aber war das Buch nicht geschrieben. Ich erwartete daher nur hie und da in dem engen Kreise der Fachgenossen einen Leser zu finden. Und nur die feste Zuversicht meines verehrten Lehrers, des Herrn Prof. Brentano, dass das Buch auch in weiteren Kreisen Beachtung finden werde, vermochte den lähmenden Gedanken, lediglich für Setzer und Drucker gearbeitet zu haben, bei mir zurückzudrängen.

Da kam mein Buch unter eigentümlichen politischen Verhältnissen auf den Markt.

Die glänzenden Kaisertage des Herbstes 1886 hatten in Altdeutschland den Glauben an einen gewaltigen Fortschritt des Deutschtumes im Reichslande erweckt. Man begreift daher leicht die Unruhe, von der die Geister erregt wurden, als die Reichstagswahlen vom Februar 1887 auch den Fernerstehenden klar machten, was dem im Elsass Lebenden allerdings längst kein Geheimniss war, dass nämlich die mit so grosser Freude begrüssten Erfolge nur Scheinerfolge gewesen waren. Ein allgemeines Verlangen nach elsässischen Thatsachen und nach Gründen für diese Thatsachen ging durch das deutsche Volk. Und gerade in diesem Augenblick war es, dass mein Buch ausgegeben wurde. Kein Wunder, dass sich die Presse von einem Ende Deutschlands bis zum anderen, ja über dessen Grenzen hinaus, einer Darstellung bemächtigte, welche die ökonomische und soziale Entwicklung des Oberelsasses, besonders aber Mülhausens, der eigentlichen Hauptstadt des Reichslandes und des Protestes, behandelte und durch manche Thatsachen, die sie beibrachte, auch auf die Ursachen der bisherigen Misserfolge der deutschen Verwaltung hie und da Licht zu werfen schien. Hat die mir so gewordene überaus dankenswerte Aufnahme alle Erwartungen meiner Freunde wohl noch bedeutend übertroffen, so fühlte ich junger Anfänger mich beinahe davon erdrückt.

Indess ich fand nicht allein dankbare Leser, es erwuchsen mir auch heftige, ja schmähsüchtige Gegner.

Noch bevor die Presse in grösserem Umfang mein Buch zu erörtern begonnen hatte, ganz wenige Tage nach dem Erscheinen desselben, trat als erste gegen mich auf den Plan eine Firma in Walbach. Auf den sachlichen Kern ihrer Beschwerde werde ich noch weiter unten zurückkommen; hier sei nur der äusserst charakteristischen Form gedacht, in der die Firma zu erwidern beliebte. Statt selbst offen gegen mich aufzutreten, schickte sie nämlich ihre Arbeiter in angeblich urwüchsig hervorbrechender Entrüstung ins Feld. Ich erhielt einen von etwa 100 Arbeitern und Arbeiterinnen unterzeichneten Protest; ein zweiter mit 189 Unterschriften wurde dem «Elsässer Journal» zugesandt; ein dritter, der an die «Colmarer Zeitung» gerichtet war, trug 27 Unterschriften. Also dreimal brach urwüchsig die Entrüstung der Arbeiter gegen mich aus, und zwar jedesmal in besonderer Form und Stärke und gegenüber verschiedenen Adressaten! Und das sollte ich glauben von Leuten, deren Mehrzahl, wie die an mich gerichtete Adresse zeigt, kaum ihren Namen zu schreiben verstanden! Noch plumper als dies ist es freilich, wenn es in der

Zuschrift an die «Colmarer Zeitung» heisst: «Nach dem, was wir aus dem Buche ersehen, schliessen wir, dass, wenn wir unter der Botmässigkeit des Verfassers ständen, es für uns vermutlich schlimmer wäre, denn bei einem Herrn mit solchen Äusserungen ist man schlecht gehalten.» Offenbar hatten die 27 unterzeichneten Arbeiter mein Buch von über 400 Seiten in den kaum 8 Tagen, seit es erschienen war, gelesen und daraus den angegebenen Schluss gezogen! Ich suchte begreiflicher Weise über so eifrige Leser, die mein Buch unter den Arbeitern gefunden, Erkundigungen einzuziehen, aber siehe! eine ganze Anzahl, — Alle konnte ich selbstverständlich nicht befragen lassen, — erklärte, von dem ganzen Schriftstücke gar nichts zu wissen! — Fürwahr, es liegt eine bittere Wahrheit in der Bezeichnung «Unterthanen der Firma», welche die Unterzeichner der an mich gerichteten Adresse in dieser sich beilegten. Einen drastischeren Beleg für die Willenlosigkeit, zu der diese Arbeiter reduciert sind, konnte die Firma nicht geben als durch diese drei Proteste.

Sehr bald erschienen aber auch noch andere Gegner. Eine jede Richtung, deren Interessen oder Anschauungsweisen die Ergebnisse meiner Arbeit zu verletzen schienen, schickte ihre Vertreter ins Treffen: die Bureaukratie die „Norddeutsche Allgemeine Zeitung“, das deutsche Manchestertum Herrn Max Weigert, die Mülhäuser Grossindustriellen Herrn Mossmann und der protestlerische Klerus im Elsass Herrn Winterer.

Ich weiss nicht, ob diejenigen Recht haben, welche den direkten oder indirekten Ursprung des Artikels der „Norddeutschen“ im Reichslande suchen. Aber ganz einerlei, wo der Artikel geschrieben ist, ob in Strassburg oder Berlin, jedenfalls hat er einen Erfolg aufzuweisen, wie er dem Blatt wol noch nie geworden ist: er hat bei dessen heftigsten Gegnern lebhaften Beifall gefunden. In den Kreisen der protestlerischen Fabrikanten Mülhausens war man entzückt; soll doch selbst Herr Lalance daraufhin sein Vertrauen zu den von der ja so einsichtsvollen deutschen Regierung zu erwartenden Massnahmen ausgesprochen haben. Und was fast noch wunderbarer ist: Zwischen dem Kanzlerblatt, welches die Sozialpolitik der kaiserlichen Botschaft so energisch zu vertreten weiss, und seiner erbittertsten Gegner in der «Freisinnigen Zeitung» des Herrn Eugen Richter herrschte plötzlich die innigste Übereinstimmung. Ja mit Wonne eignete sich die Freisinnige Zeitung vom 19. April den Zweifel der «Norddeutschen» an, ob es überhaupt unter die Aufgaben von Universitätsseminaren gehöre, den Druck von Schülerarbeiten zu fördern. Allerdings begegnete dabei dem Redakteur das Unglück, vergessen zu haben, dass auf derselben Seite seines freisinnigen Blattes eine andere Seminararbeit, die seinen eigenen wirtschaftspolitischen Bestrebungen entgegen zu kommen scheint, mit Wohlwollen angezeigt wird!

Indess die Offiziösen blieben dem deutschen «Freisinn» den Dank für den ungewohnten Liebesdienst den er ihnen erwiesen, nicht schuldig. Als bald darauf Herr Max Weigert in der «Nation» mit den letzten Aschenresten des verglimmenden Manchestertums an meiner Schrift wieder einmal das Verderbliche alles Staats- und Kathedersozialismus darthat und dabei die bei seiner Schule übliche Gründlichkeit zeigte, indem er gegen die von mir citierten Ausführungen des Herrn Engel-Dollfuss als gegen meine eigenen loszog, beeilte sich die offiziöse «Neue Mülhäuser Zeitung» den Aufsatz durch Abdruck den Mülhäuser Hochmögenden zu Füssen zu legen. Dagegen muss ich erwähnen, dass ein Artikel, in dem eine Anzahl Mülhäuser Arbeiter, welche mein Buch wirklich gelesen hatten, ihren Dank für dasselbe aussprachen und es gegen meine Gegner in Schutz nahmen, sowohl seitens der «Neuen Mülhäuser Zeitung» als auch seitens des «Mülhäuser Tagblatts» zurückgewiesen wurde. Er musste bis nach Hamburg wandern, um an die Öffentlichkeit zu kommen.

Traten so die deutsche Bureaukratie und das deutsche Manchestertum alsbald feindlich gegen mich auf, so waren die oberelsässischen Grossindustriellen lange im Zweifel, welches Verhalten sie einschlagen sollten. Nach einer in der «Strassburger Post» vom 3. Mai veröffentlichten Zuschrift «aus industriellen Kreisen der Stadt Mülhausen», — es wird von Vielen Herr Lalance als ihr Verfasser bezeichnet, — hat sich der Mülhäuser Gewerbeverein zuerst mit dem Gedanken beschäftigt, eine Gegenschrift zu veranlassen, «indess davon Abstand genommen». Wie verlautet, glaubte man, die deutsche Presse werde, nachdem das Kanzlerblatt gesprochen, mein Buch einfach fallen lassen; eine Gegenschrift werde aber die Aufmerksamkeit demselben aufs neue zuwenden. Die Zeitungen indess brachten immer wieder neue Auszüge aus meinem Buche. Da erschien der «offene Brief» des Colmarer Stadtarchivars, Herrn X. Mossmann, eines Mitgliedes des Gewerbevereins und intimen persönlichen Freundes der hervorragendsten Mülhäuser Industriellen. Wie mir die Mülhäuser Arbeiter schrieben, wurde derselbe in 5000 deutschen und 5000 französischen Exemplaren gedruckt. Da er aber keine Käufer fand und der Buchhändler keinen Lagerraum für die todte Ware hatte, erschien ein Wagen des Herrn Engel, um sie in dessen Gebäulichkeiten überzuführen. Und von da ab wurde er in Massen umsonst über die ganze Welt hin verschleudert. Abgeordnete, Professoren, Behörden, die Redaktionen von Zeitungen erhielten ihn in Dutzenden von Exemplaren zugesandt. Ja selbst die Fabrikanten Reichenbergs, meiner Heimat, wurden zu ihrer Überraschung von solchen Zusendungen heimgesucht. Da wohl nicht anzunehmen ist, dass der Stadtarchivar von Colmar die Kosten dieses Massenabsatzes auf sich genommen hat, geht man kaum fehl, in dem «offenen Briefe» des Herrn Mossmann die offizielle Erwiderung der Mülhäuser Industriellen zu erblicken.

Endlich sprengte auch Herr Abbé Winterer wider mich in die Schranken, — allerdings in einer Weise, die einigermassen überraschen musste. Schon lange zuvor hatte er sich in Reichstagskreisen gebrüstet, wie er mich demnächst in der Revue catholique d'Alsace abführen werde. Nun erschien er nicht einmal mit offenem Visir. Sollte er sich etwa in das Dunkel der Anonymität gehüllt haben, weil er so wenig zu berichtigen und so viel zu bestätigen hatte?

Somit habe ich denn alle Gegner hier aufgeführt, die mir erwachsen sind. Finden sich darunter auch alle Interessen vertreten, seitens deren eine Erwiderung erwartet werden konnte, so fehlt unter meinen Gegnern doch noch ein Mann, von dem, wenn von irgend Jemand, ein Angriff zu erwarten war.

Denn wenn Jemand von sich sagen kann, ich sei ihm in meinem Buche zu Leibe gegangen, so ist es Herr Karl Grad, Membre correspondant de l'Institut, Fabrikdirektor in Logelbach, parlamentarischer Vertreter der oberelsässischen Fabrikanteninteressen im deutschen Reichstage, jener vielgewandte Schriftsteller, welchen der Colmarer Bürgermeister Schlumberger, sein Landsmann, öffentlich als politische Fledermaus gehennzeichnet hat, die sich unter den Vögeln als Vogel, unter den Nagethieren als Maus giebt. Er war es vor allem gewesen, der die Einführung des Titels VII der deutschen Gewerbeordnung in Elsass-Lothringen bisher bekämpft hat. Niemandem habe ich die Schalheit seiner Gründe so nachgewiesen wie ihm. Sollte er stillschweigend einzuräumen gewillt sein, dass hierauf nichts zu entgegnen ist? Dies anzunehmen, wäre vermessen. Aber Herr Karl Grad hat eine Gelegenheit, mir zu antworten, die für ihn um so kostbarer ist, als sie ihm einerseits ganz Deutschland zum Zuhörer schafft, andererseits mir eine gleich weit hallende Erwiderung nicht gestattet: den deutschen Reichstag. Ich zweifle nicht, dass er die parlamentarische Tribüne benutzen wird, um alle meine Anführungen für unhaltbar, alle von mir angeführten Thatsachen für unrichtig zu erklären und darauf ähnlich wie im Landesausschusse aufs neue zu proklamieren, dass das Elsass allezeit an der Spitze der Humanitätsbestrebungen marschire.

Nur die Erwartung, dass im Reichstage in dieser oder ähnlicher Weise behauptet wird, ich hätte meinen Gegnern nichts zu erwidern gewusst, veranlasst mich, dem zuvorzukommen. An sich hätte ich so wenig wie die meisten Sachverständigen, welche ich sprach, eine Erwiderung gegen die Herren Mossmann, Winterer und Weigert und gegen die Norddeutsche Allgemeine Zeitung für nötig gehalten. Die Sache, mit der mein Buch verquickt ist, veranlasst mich allein, nochmals die Aufmerksamkeit des Publikums für mich zu erbitten.

II.

DIE KAMPFESWEISE MEINER GEGNER.

So viele Gegner gegen mich aufgetreten sind, alle bis auf Einen haben ihre Angriffe nur auf meine sachlichen Ausführungen beschränkt. Herr Winterer war sogar so liebenswürdig, mir auch in sachlicher Hinsicht einiges Freundliche zu sagen, indem er mein Buch als die unstreitig vollständigste Studie über die oberelsässer Baumwollindustrie, die bisher erschienen sei, bezeichnete und mir nachrühmte, dass ich neue Bahnen einzuschlagen gewagt habe, indem ich auch einmal die Arbeiter befragte. Die Norddeutsche Allgemeine Zeitung gab mir wenigstens das Zeugnis, meine Darstellung sei unzweifelhaft in bester Absicht geschrieben. Nur Herr Mossmann griff zu dem Kampfesmittel, dessen so manche schon sich bedient haben, denen es an sachlichen Gründen gebrach: er verdächtigte die Beweggründe, die mich zu meiner Arbeit veranlasst hätten. Bald erhebt er den bei meiner Nichtzugehörigkeit zum deutschen Reiche besonders thörichten Vorwurf, ich sei nur von dem Wunsche beseelt, in dem Kampf der Parteien eine Rolle zu spielen; bald soll das diabolische Verlangen, die geachtetsten Männer des Landes herabzusetzen, bald das Streben, religiösen, politischen und socialen Zwiespalt zu schaffen, bald wieder der Neid über den Ruhm der elsässer Fabrikanten auf socialem Gebiete meine Arbeit veranlasst haben. Durch alle seine Ausführungen zieht sich als einzige Widerlegung das Streben, die Anschauung hervorzurufen, ich sei ein schlechter Mensch, dem man nicht glauben dürfe.

Da dies der wichtigste Gedanke ist, den Herr Mossmann gegen mich vorbringt, erlangt er auch eine grosse sachliche Bedeutung. Ich muss, so widerwärtig es mir begreiflicher Weise auch ist, demnach diesen seinen Argumenten hier nachgehen.

Vor allem, wie bin ich zur Vornahme meiner Arbeit gekommen?

Die wissenschaftliche Nationalökonomie in Deutschland erkennt es heute als ihre erste Aufgabe, die wirtschaftlichen und socialen Zustände, wie sie wirklich sind, festzustellen. Daher die grosse Zahl wirtschaftsgeschichtlicher und statistischer Untersuchungen, welche in den letzten zwanzig Jahren in Deutschland erschienen sind.

Es ist bekannt, dass diese Richtung besonders im staatswissenschaftlichen Seminare zu Strassburg gepflegt wird. Da ich mich zu ihr besonders hingezogen fühlte, begab ich mich dahin und bat, mit einer Arbeit der gedachten Richtung betraut zu werden.

Da lag es nun nahe, mich gerade mit der Erforschung von Vergangenheit und Gegenwart der oberelsässischen Industrie zu beschäftigen. Über die bäuerlichen Verhältnisse des Elsasses war soeben von Dr. Hertzog, über die Hausindustrie des Weilerthals von Dr. Kärger eine Arbeit veröffentlicht worden. Ich aber stammte nicht nur aus industrieller Gegend sondern sogar aus einer industriellen Familie. Somit war es fast von selbst gegeben, mich mit dem Studium von Mülhausen und seiner Industrie zu betrauen und damit die elsässischen Studien, welche frühere Seminarmitglieder begonnen hatten, fortzusetzen. Die Notwendigkeit einer neuen Bearbeitung dieses Themas lag nicht nur vor angesichts des grossen vorhandenen Materials und der Lückenhaftigkeit, mit der es bisher ausgenutzt worden, sondern auch angesichts der bereits in der Vorrede meines Buches erwähnten Thatsache, gegen deren Erwähnung Herr Mossmann sich vielleicht besser weniger ereifert hätte: dass nämlich die meisten, welche bisher über die oberelsässer Industrie geschrieben haben, in irgend welchem Abhängigkeitsverhältnisse von den dortigen Fabrikanten gestanden. Dabei muss ich und zwar abermals gegenüber Herrn Mossmann das Eine aufs Ausdrücklichste betonen: Als ich mich an die Arbeit begab, hielt man die von den bezeichneten Schriftstellern bisher gegebene Darstellung als für im Ganzen richtig. Nur bezüglich einiger weniger Punkte hatte man bereits zu zweifeln begonnen. Ich sollte nun gleichzeitig die erste die wirtschaftlich-technische Entwicklung berücksichtigende Geschichte und eine Darstellung geben, welche bei Behandlung der Gegenwart statt auf die bisherigen Bearbeitungen auf die Thatsachen zurückginge.

Hier beginnt nun Herr Mossmann sofort mit seiner Verdächtigung meiner Loyalität, indem er mich hinstellt als Jemanden, der „ohne ihn persönlich zu kennen“ seine Unterstützung zu den beabsichtigten Studien dadurch erzielte, dass er „mit allen Künsten der captatio benevolentiae“ an ihn sich wendete. In der That, Herr Mossmann war mir nur als Biograph des hervorragendsten oberelsässer Fabrikanten, als Verfasser einiger historischer Notizen über Mülhausen und als Herausgeber eines Mülhäuser Urkundenbuches bekannt. War es nun illoyal, wenn ich erwartete, dass ein Forscher einen anderen, der sich mit ähnlichen Studien befassen wollte, auch ohne ihn persönlich zu kennen unterstützen würde? Oder war es illoyal, wenn ich damals, ohne noch das Mülhäuser und Colmarer Archiv kennen gelernt zu haben, Herrn Mossmann für einen sachverständigen Gelehrten hielt und ihn mit der einem solchen gebührenden Ehrfurcht behandelte? Hatte ich damals doch noch keine Ahnung, dass er vom Mülhäuser Bürgermeisterbuch höchstens eine halbe Stunde lang das Register einmal angeblättert, dass er einen Zolltarif zu einer Taxe für Stücklohnarbeiter gemacht hatte, dass es ihm bei etwas gutem Willen so leicht gewesen wäre, von dem Mülhausen des vorigen Jahrhunderts ein richtiges Bild zu entwerfen, und schliesslich kannte ich doch auch seinen «offenen Brief» und so manches andere noch nicht, was mir erst später mitgeteilt wurde. In dieser gewiss verzeihlichen Unwissenheit legte ich damals seinen Arbeiten die Epitheta «érudits» und «profonds» bei! Hier sehe ich wirklich ein, dass ich Unrecht that und bitte deshalb feierlichst um Vergebung.

Aber noch eine andere Bemerkung soll dem Leser zeigen, wie schlecht ich bin. Wenn es mir bei meiner Arbeit lediglich um das Wohl der Arbeiter zu thun gewesen wäre, warum hätte ich nicht bei den Arbeitern meiner eigenen Heimat begonnen! Herr Mossmann sagt, noch Niemand habe Reichenbergs Wohlfahrtseinrichtungen zu Gunsten der Arbeiter gelobt. Ebendeshalb bezichtigt er mich der Empfindung jenes athenischen Grobians, der es satt war, stets von Aristides, dem Gerechten, zu hören, und ungescheut sagt er, dass ich nie den Mut gehabt haben würde, die Arbeiterverhältnisse meiner eigenen Heimat derselben Untersuchung zu unterziehen.

Nun betrachtet der Elsässer es bekanntlich als etwas Unerhörtes, wenn man von ihm verlangt, auch von den Verhältnissen in den deutschen Gegenden des Ostens etwas zu wissen. Man erinnere sich nur des Auftretens des Abgeordneten Guerber gelegentlich der Petition des Kreises Mohrungen an den Reichstag! Indess Unwissenheit ist um so weniger eine Entschuldigung, wenn sie in Verbindung mit Anmassung auftritt. Warum ich nicht für Reichenberg eine solche Arbeit unternommen habe? Weil das, was ich für das Oberelsass versuchte, von zwei ausgezeichneten Forschern, Prof. Albin Bráf in Prag und Dr. J. Singer in Wien für meine Heimat längst vorzüglich ausgeführt worden ist. Und seit dem Singer'schen Buche liegen wieder drei sorgfältig ausgearbeitete Berichte eines pflichtgetreuen, musterhaften k. k. Gewerbeinspectors vor. Die erste Bedingung für jeden socialen Fortschritt, eine rückhaltslose Aufdeckung der vorhandenen Übel, ist bei uns somit längst erfolgt. Unsere Zustände haben eine ebenso gerechte wie schneidige Kritik erfahren. Und, was ich nicht unbetont lassen darf, man hat die Kritiker nicht mit niedrigen Schmähungen überhäuft, sondern ist ernstlich bemüht, nach besten Kräften die Verhältnisse zu bessern.

Unser Gewerbeinspector (Bericht für 1886) schreibt:

«Bemerkenswert ist die Gründung des Vereines der «Nordböhmischen Schafwoll- und Baumwollstreichgarnspinner», welcher von seinen Mitgliedern die strikte Durchführung des Gesetzes vom 8. März 1885, R.-G.-B. No. 22, verlangt, insbesondere die Durchführung der Vorschrift über die Nichtverwendung geschützter Personen (Frauen und jugendlicher Hilfsarbeiter) zur Nachtarbeit.»

«Als ferneres verdienstliches Ziel desselben ist hervorzuheben, dass er die Errichtung von Fabrikskrankenkassen durch Aufstellung eines Statutes förderte und nach Erlangung der Bestätigung desselben durch die Gewerbebehörden Sorge trägt, dass jedes Mitglied dieser für das Wohl der Arbeiter notwendigen Institution sich anschliesst. Der Verein strebt weiter an die Vereinigung der gesammten Textilindustriellen des Reichenberger und Egerer Kammerbezirkes zu einem Zentralverbande der Fabrikskrankenkassen und sind demselben bereits die meisten Spinnereien der Bezirke Reichenberg, Stadt Reichenberg, Friedland, Gablonz beigetreten.»

«Die Förderung der Freizügigkeit der Arbeiter wird durch die Nachtragsbestimmung, dass der Arbeiter so lange Mitglied der jeweiligen Fabrikskrankenkasse ist, bis derselbe eine neue Stellung gefunden hat, erfüllt.»

«Ein Arbeiterauskunftsbureau ist seitens desselben Vereines erfreulicher Weise bereits in Ausführung begriffen.»

«Der Verein strebt ferner die Gründung eines schiedsrichterlichen Collegiums im Sinne des § 87 des Gesetzes vom 8. März, R.-G.-B. No. 22 an, um Differenzen aus dem Arbeits-, Lehr- und Lohnverhältnis autonom zu schlichten, bei vollsändiger Parität der Vertreter der Arbeiterschaft und der Unternehmer.»

«Ich freue mich zum Schlusse anführen zu können, dass das Verhältnis zwischen Arbeitgeber und Arbeitnehmer mich vielfach angenehm berührte. Die Art des Verkehres zwischen den beiden Teilen, die Herausbildung angenehmer geselliger Beziehungen, die an vielen Punkten mir bekannt gewordene gemeinsame Christabendfeier, Schenkungen für humanitäre Zwecke u. s. w. sind laut sprechende erfreuliche Belege.»

Vielleicht findet Herr Mossmann in der reichhaltigen Bibliothek des Mülhäuser Gewerbevereines die Berichte der k. k. Gewerbeinspectoren. Diese Lecture wäre ihm und seinen Gönnern sehr zu empfehlen. Nicht nur, dass sie da eine kleine Historie finden würden, wie es einem ihrer Compatrioten erging, als er in Böhmen eine Fabrik nach elsässischer Art führen wollte, sie würden andrerseits auch zu der Überzeugung kommen, dass Fabrikküchen, Badeanstalten, Consumvereine, Fabrikspeisesäle, Alterskassen u. dgl. mehr auch in nicht den ersten Rang einnehmenden Industriebezirken keineswegs so vereinzelt sind, wie man im Elsass selbstgefällig annimmt, ja, dass diese Einrichtungen vielfach durch eine weit grössere Liberalität sich auszeichnen als die im Elsass anzutreffenden. So wird die Führung von Fabrikrestaurants, von Fabrikconsumvereinen und ähnlichen Institutionen häufig Arbeiterausschüssen anvertraut. Die Arbeiter gewinnen, wenn sie selbst alles in ihren Händen haben, ein viel grösseres Vertrauen und dem Argwohne, es könne sich um ein verstecktes Trucksystem handeln, wird jeder Anhaltspunkt entzogen.

So mag Herr Mossmann nun selbst urteilen, auf welcher Seite Aristides der Gerechte und auf welcher Seite der Grobian zu finden ist.

Nicht minder unglücklich ist auch ein dritter Versuch des Herrn Mossmann, mich als nichtswürdigen Agitator zu kennzeichnen. Nicht nur den socialen Krieg soll ich gepredigt haben, sondern, ein «Fanatiker» und «Sektirer» beutete ich auch den confessionellen Zwiespalt zwischen Arbeitgeber und Arbeiter aus. Und als Beleg führt Herr Mossmann an, dass ich bei Erwähnung einer Diskussion im Reichstage, die mit religiösen Fragen absolut nichts zu schaffen hatte, und an der zwei Elsässer beteiligt waren, die Orthodoxie des einen der Heterodoxie des anderen gegenüberstellte.

Einen köstlicheren Beleg für seine Auffassungsgabe konnte mein Kritiker kaum liefern.

An der Stelle meines Buches, auf die Herr Mossmann verweist, ist von den Verhandlungen über die Zollreform des Jahres 1878 die Rede. Hierbei griff sowohl das als Freihändler bekannte Mitglied des Cobdenclub, Johannes Dollfuss, als auch der berufsmässige Anwalt der oberelsässischen Baumwollinteressenten, Herr Grad, lebhaft in die Debatte ein. Ich führe nun aus, dass der

Freihändler Dollfuss den Schutzzöllner Grad wohl mehr aus elsässischem esprit de corps als aus innerer Überzeugung unterstützt haben möge. Auch hätten zwischen den Ausführungen der beiden nicht unwesentliche Differenzen bestanden, die sich, abgesehen von der ketzerischen Vergangenheit des Herrn Dollfuss, darauf zurückführen liessen, dass letzterer auch an die Drucker dachte, während Grad nur für Spinner und Weber engagiert war. Schon früher aber war von mir dargethan worden, wie der Dollfuss'sche Freihandel der überwiegenden Mehrzahl der oberelsässischen Fabrikanten stets als ärgste ökonomische Ketzerei erschienen sei. Erwägt man endlich noch, dass es unbedingt keinen Sinn haben kann, von einer confessionell ketzerischen Vergangenheit des Herrn Dollfuss zu sprechen, da er doch nicht zum Katholizismus übergetreten ist, so giebt wohl Jedermann zu, dass es der ganz besonderen Geistesbeschaffenheit eines in seinem Gewerbe gestörten Panegyrikers bedurfte, um ökonomische und christliche Orthodoxie zu verwechseln. Und darauf hin glaubte Herr Mossmann sich berechtigt, mich auch noch als confessionellen Friedensstörer zu denunziren!

Zerfallen so die von Herrn Mossmann versuchten Verdächtigungen meines Charakters in nichts, so frage ich andererseits: wäre es denn nicht auch viel einfacher gewesen, hätte Herr Mossmann die Beweggründe meines Handelns da gesucht, wo sie allein zu finden sind?

Wenn ein junger Mensch von etlichen zwanzig Jahren eine Arbeit, wie die von mir geleistete unternimmt, was anders kann ihn dazu antreiben, als einmal der wissenschaftliche Eifer, die Wahrheit zu erforschen und darzulegen, sodann die Liebe zu der Nation, der er angehört, und endlich das Streben, in unseren Tagen der drohenden socialen Gefahr sein Scherflein beizutragen zur Hebung der unteren Klassen und damit zur Abwendung gewaltsamer Umgestaltungsversuche? In wunderbarer Weise aber erlaubten mir meine oberelsässischen Studien einem jeden dieser drei Ideale zu dienen. Das Streben nach Wahrheit führte mich dazu, den Schleier hinwegzuziehen, den egoistische Interessen mit grossem Geschick über die Arbeiterzustände im Oberelsass geworfen hatten. Indem ich der Wahrheit hier zum Siege zu verhelfen bemüht war, eröffnete sich mir ferner die Hoffnung, den deutschen Interessen zu dienen und als Oesterreicher bin ich diesen jedenfalls mit mehr Recht ergeben als die verwälschten Deutschen des Elsasses denen von Frankreich. Gleichzeitig aber mussten meine Ergebnisse, welche der Wissenschaft und der deutschen Nation zum Vorteil zu gereichen versprachen, der breiten Schicht der Arbeiterbevölkerung zu Gute kommen, die durch ihre bisherige Überantwortung an die französisch gesinnten Grossindustriellen des Oberelsasses in völligtser Abhängigkeit von diesen lebt.

Herr Mossmann ist ja auch einmal jung gewesen. Hat doch die Wärme, mit der er sich der phantastischen Fourieristen Jänger und Consorten mir gegenüber annimmt, seinen Grund darin, dass er, wie er selbst zugiebt, dereinst an ihren Bestrebungen beteiligt war. Sein Herz sollte doch nicht so sehr mit seinen Haaren gealtert haben, dass er bei mir an keine anderen als die jämmerlichsten Motive zu glauben vermag. Es wirft dies zum mindesten das schlechteste Licht auf seine Menschenkenntnis. Und in der That zeigten nicht die Ausführungen dieses Herrn an einer noch zu besprechenden Stelle ein wahrhaft kindliches Beurteilungsvermögen, so müsste ich den Schluss seiner Schrift: Ihr Buch ist zugleich ein schlechtes Buch und eine schlechte Handlung, mit dem Satze erwidern: Ihr Urteil giebt ein ebenso schlechtes Zeugnis für ihr Herz wie für ihren Verstand!

III.

DIE ENTWICKLUNGSGESCHICHTE DER MÜLHÄUSER INDUSTRIE.

Vielleicht hat das tiefe Schwarz, in dem Herr Mossmann vor allem meine persönlichen Eigenschaften gemalt hat, auch nur einen einfachen Grund. In harmloser Ehrlichkeit habe ich ihm in der Vorrede meinen Dank für eine Unterstützung abgestattet, welche er mir zu gewähren allerdings beabsichtigt hatte. Nur zu seinem Troste verrate ich hier, dass sein Empfehlungsschreiben doch minder wirksam gewesen ist, als er vermutlich noch glaubt.

Und deshalb wäre es möglich, dass ihn auch die Angst, bei seinen Gönnern im Verdachte einer gewissen Mitschuld an meinem Werke zu stehen, zu jener öffentlich ausgesprochenen gründlichen Verabscheuung meines Charakters bestimmte.

Doch es liegt mir fern, Herrn Mossmann's Angriffe auf meine Beweggründe mit einer Analyse der seinigen zu erwidern. Dagegen muss ich bei den sachlichen Tendenzen seiner Schrift notgedrungen verweilen.

In dem von Herrn Mossman gegen mich unternommenen Kampfe schwebt ihm offenbar ein doppeltes Ziel vor: die Wiederherstellung der durch mich gestörten Legende von der Überlegenheit des Elsässers über den Deutschen und sodann ein praktischer Erfolg. Von diesem soll erst später die Rede sein. Hier zunächst von dem Ersteren.

Die nach der erstgenannten Richtung abzielenden Bemühungen des Herrn Mossmann lassen sich unter drei Gesichtspunkte bringen: er skizzirt einmal selbst die Entstehung und Entwicklung der Mülhäuser Industrie, er versucht sodann meine Angaben als falsch oder tendenziös hinzustellen, und schliesslich hebt er im Gegensatze zu der deutschen Socialpolitik die der Mülhäuser empor. So hofft er, würde die Aureole der Mülhäuser Industrie in neuem Glanze erstrahlen. Erst in dem nächsten und übernächsten Abschnitte beabsichtige ich auf die beiden Bemühungen der letztgenannten Art einzugehen, und werde dabei auch alle diesbezüglichen Auslassungen meiner übrigen Widersacher berücksichtigen. In diesem Abschnitte soll die von Herrn Mossmann gegebene Skizze der Mülhäuser Industrie-Entwicklung näher betrachtet werden.

Wer einmal mit Elsässern in nähere Berührung gekommen ist, wird alsbald auf das Dogma gestossen sein, mit dem der Elsässer allen Germanisierungsversuchen entgegentritt: Sowohl Frankreich als auch das Elsass gelten ihm in allen Zweigen des Kulturlebens den Altdeutschen weit überlegen. Nur in Frankreich die Wissenschaft, nur in Frankreich die schönen Künste; in allen humanen Bestrebungen aber selbst der grossen, an der Spitze der Civilisation marschierenden Nation überlegen das Elsass! Deutschland dagegen beginnt für den Protestler eben erst aus mittelalterlicher Barbarei zu erwachen. Wie Herr Mossmann die ähnlichen Ausführungen des Herrn Engel-Dollfuss treffend zusammenfasst: «Seine nationale Industrie ist der Krieg!»

Man muss sich die ganze Zähigkeit, mit der das intransigente Elsässertum an diesem Glauben festhält, und, wenn es den ganzen Protest nicht als Absurdum preisgeben will, festhalten muss, vergegenwärtigen, um eine Reihe von Ausführungen meiner Gegner auch nur fassen zu können.

Meine übrigen Gegner haben sich nur gegen meine auf die Gegenwart bezüglichen Darlegungen gewendet, dem viel umfassenderen historischen Teil derselben dagegen Lob gespendet. Nach dem Herrn Lalance zugeschriebenen Briefe in der Strassburger Post vom 3. Mai 1887 wird derselbe sogar in den Reihen des Mülhäuser Gewerbevereins anerkannt. Desgleichen hat Herr Winterer demselben einige freundliche Worte gewidmet. Nur Herr Mossmann hat auch hier die Schale seines Zornes über mich ausgeschüttet. Aber allerdings ist, was er gegen mich vorbringt, so jämmerlich, dass es sich eben nur als das krampfhafte Bemühen eines selbst die Herren Lalance und Winterer übertreffenden Elsässertums, seine Glaubenssätze zu halten, begreifen lässt.

Da, wo ich in meinem Buche die Entstehung der Mülhäuser Baumwollindustrie darlege, habe ich Mülhausen geschildert wie es dalag als selbständige, zur Eidgenossenschaft gehörige Stadtrepublik, eingeengt von dem es umgebenden offenen Land. Jedermann weiss, dass das letztere seit 1648 zu Frankreich gehörte, indem durch den westfälischen Frieden der österreichische Teil des Elsasses und die Landvogtei über die zehn kaiserlichen Städte an Frankreich abgetreten worden war. Ich habe gezeigt, welche Interessengegensätze zwischen Mülhausen und dem offenen Land bestanden, wie Frankreich diese Eingeschlossenheit Mülhausens benutzte, um es durch Schädigung seiner Interessen willfährig zu machen, wie es auf diese Weise Mülhausen schliesslich zwang, sich ihm zu ergeben.

Dieser ganze Sachverhalt ist so einfach und zugleich so unbestritten, dass es mir niemals eingefallen wäre, dass dies Gegenstand einer Anfechtung sein könnte. Aber nein! La belle France hat sich bekanntlich in ihrem Verhalten gegenüber anderen Gemeinwesen niemals von Selbstsucht, sondern stets nur von aufopfernder Liebe leiten lassen. Wagte doch kürzlich, am 15. Aug. d. Jahres, der Figaro in einem gegen Deutschland gerichteten

Artikel zu schreiben: «La France, si elle n'a pas toujours, helas! respecté la paix du monde, n'a jamais tiré l'épée dans un but de conquête»!! Wer einmal mit einem der exaltierten Französlinge des Elsasses zusammengekommen ist, weiss mit welch' fanatischem Glauben diese Lehre von dem ewigen, über alle selbstsüchtige Anwandlungen erhabenen, von Nächstenliebe überfliessenden Edelmut Frankreichs behauptet und festgehalten wird. Und nun komme ich, ein Österreicher, und sage, Mülhausen sei von Frankreich so lange misshandelt worden, bis es nolens volens um seine Einverleibung bat!

Das durfte auf Frankreich nicht sitzen bleiben. Die Einengung liess sich nicht leugnen. Aber, wer hatte sie auf dem Gewissen? Etwa Frankreich? Niemals! Vielmehr war es dein Österreich, v . . . Österreicher, das allein dessen fähig war. — Österreich!? Es soll wirklich Mülhausen noch 1746, als S. Köchlin, J. J. Schmalzer und J. H. Dollfuss die Baumwollindustrie dort einführten, «nach seinem Belieben Luft und Licht, alle Bedingungen der Ausdehnung versagt haben!» Ein Gymnasiast würde im Abiturientenexamen durchfallen, wenn er nicht wüsste, dass damals im Elsass schon seit 100 Jahren nicht mehr von Österreich die Rede war. Ein Historiker, der so thöricht wäre, den Gegensatz zwischen Stadt und Land, wie er allenthalben so auch im Elsass damals bestand, mit Österreich speziell in Verbindung zu bringen, und der nicht wüsste, dass es gerade die exklusive Politik der Städte war, die mit Eifersucht darüber wachte, diesen Gegensatz aufrecht zu erhalten, würde ewiger Verachtung begegnen. Aber trotz aller urkundlichen Beweise, dass derselbe exklusive Geist auch die Mülhäuser Stadtbürger beseelte, und trotz aller von Frankreich angewandten Massregeln, um ihn sich zu unterwerfen, wagt es Herr Mossmann immer noch drucken zu lassen, es sei das seit einem Jahrhundert aus dem Elsass vertriebene Österreich gewesen, welches all' dies verschuldet habe. Carlyle würde sagen, es sei dies eine jener Behauptungen, über die nicht bloss die Engel im Himmel sondern auch die Esel auf Erden zu weinen vermöchten. Aber freilich es ist Herr Mossmann, der sie aufstellt, und Herr Mossmann muss es besser wissen, denn er ist Stadtarchivar von Colmar und Hofhistoriograph der Mülhäuser Grossindustriellen!

Entsprechend dieser letzteren Eigenschaft und zum Beweise des obenerwähnten Dogmas fährt er fort, die weitere Entwicklung der Industrie, nachdem sie einmal entstanden, zu schildern. Zu diesem Zwecke zeigt er, dass, wenn diese Entstehung auch mit schweren Leiden für die Arbeiterklasse verknüpft war, der Mülhäuser Fabrikant doch an diesen völlig unschuldig war, dass er, auch wo er die aus Altdeutschland herangezogenen Arbeiter seiner Sucht, reich zu werden, opferte, den Deutschen gegenüber immer noch als Wohlthäter dasteht, dass er jedoch auch hier noch vor aller Welt insofern sich auszeichnete, als sofort sein Gewissen ob seiner Missetaten erwachte, und dass er insbesondere, indem er die Kinder in seinen Fabriken ausnutzt, ein Wohlthäter dieser wie auch ihrer Eltern ist.

«Ein glückliches Zusammentreffen aller technischen Künste», so führt nämlich Herr Mossmann aus, weist «Mülhausen den ersten Rang in der Textilindustrie an und nötigt die Stadt, bei Gefahr ihrer Aufgabe zu erliegen, ihre Erzeugnisse über die ganze Welt zu verbreiten». Hier wird also sogar dem von Niemanden angefochtenen Geschäftssinn der Mülhäuser der Mantel einer von einem harten Fatum auferlegten Notwendigkeit umgehängt. Offenbar soll schon vom Anfang an des Lesers Mitleid erweckt werden, für die armen «Kleinbürger», denen die harte Aufgabe zu teil geworden, beim Absatz ihrer Kattune über den ganzen Erdball steinreich zu werden!

In Erfüllung dieser harten Aufgabe machen sie es ebenso wie die Arbeitgeber aller anderen industriellen Gegenden, — d. h. sie beuten die Arbeitskraft der Kinder und Frauen schonungslos aus; und da sie, um rascher reich zu werden, ihre Anstalten über das Mass der ihnen verfügbaren Kapitalien ausdehnen, ja sogar «Alles aufs Spiel setzen und über die Nachfrage hinaus produziren, sehen sie sich trotz des Schutzzolls, der ihnen den inneren Markt sichert, stets an den Rand des finsteren und tiefen Abgrunds gestellt, der schon mehr als einen ihrer industriellen Genossen verschlungen hat, und aus dem man sich nur mit den schmerzlichsten Opfern rettete, wenn man überhaupt aus demselben sich rettete». Da nun selbst der Verkauf der silbernen Löffel und Kaffekannen des Haushalts und der Broschen und Ohrringe der Frauen und Töchter nicht hinreicht, um diesen Abgrund auszufüllen, sieht man sich genötigt, — am Arbeitslohn zu sparen, d. h. aus den Ersparnissen, zu denen man die Arbeiter gegen ihren Willen zwingt, nicht etwa für deren Rechnung, sondern für die eigene die fehlenden Kapitalien anzusammeln!

Nun genau so war es allerdings in England, von dessen sozialer Entwicklung der Mülhäuser Pharisäismus so verächtlich zu reden pflegt! Aber noch Niemand hat deshalb je die englischen Arbeitgeber, sondern stets nur die englischen Arbeiter bemitleidet.

Solches Mitgefühl für die Arbeiter wäre dagegen nach Herrn Mossmann für jene oberelsässischen Verhältnisse völlig verfehlt. Denn wer waren die Leute, deren Löhne so herabgesetzt wurden, damit die Mülhäuser Herren die ihnen fehlenden Kapitalien ansammeln konnten? Es waren ja nur heimatlose Proletarier aus Altdeutschland und der Schweiz, die ohne die Brosamen, welche der Mülhäuser grossmütig ihnen zuwarf, überhaupt nicht hätten leben können. Also Hut ab vor dem, selbst indem er die Löhne herabsetzt, immer noch grossmütigen Elsässer, der dem hungernden «Schwoben» das Brod giebt!

Hier haben wir die lächerliche Selbstüberschätzung des Protestlers, die oben gekennzeichnet wurde, dasselbe beleidigende Urteil über Deutschland, welchem wir in dem famosen Wahlaufrufe des Herrn Lalance begegnen, wenn er schreibt: «Unsere Interessen leiden Not! Unsere Industrie, welche eine ersten Ranges ist, wurde gewaltsam von ihrem natürlichen (sic!) Markte getrennt und musste sich in einem armen Lande Bahn brechen; sie erlitt unersetzliche Verluste.» Wir haben aber auch dieselbe Unwahrheit! Denn um von der zunehmenden Produktion Mülhausens vollständig abzusehen, hat nicht selbst Herr Karl Grad im April dieses Jahres im Landesausschusse eingeräumt, dass die oberelsässische Industrie die mit dem Übergang in ein anderes Wirtschaftsgebiet unvermeidlichen Verluste heute verschmerzt hat!? Ist es ferner nicht bekannt, dass weit mehr als die Mülhäuser Herren die Mülhäuser Arbeiter diese Verluste zu tragen hatten, da ja um den Übergang zu erleichtern, nicht nur die deutsche Arbeiterschutzgesetzgebung dem elsässer Arbeiter vorenthalten, sondern nicht einmal die alte französische mehr durchgeführt wurde! Steht es ferner nicht fest, dass der Hauptschaden, welcher der Annexion folgte, nicht der oberelsässischen Baumwollindustrie, sondern ihren altdeutschen Konkurrenten zur Last fiel! Aber wie die oberelsässischen Fabrikanten, nachdem alle Übergangsschmerzen längst überwunden sind, heute auf Kosten ihrer altdeutschen Konkurrenten in Folge des Fehlens der deutschen Gewerbeordnung grossen Gewinn ziehen, nichts desto weniger aber fortwährend klagen, so zogen sie damals aus den Arbeitskräften, die aus den kinderreichen Gegenden Altdeutschlands dem Elsass zuwanderten, enorme Gewinnste und sollen nach Herrn Mossmann dafür als Wohlthäter der Altdeutschen gepriesen werden. Hier übersteigt der Parteieifer des Herrn Mossmann denn doch das Mass des Erlaubten. Denn nicht nur verschweigt er die von Villermé bezeugte Thatsache, dass die Mülhäuser Fabrikanten die altdeutschen Arbeiter weit mehr als die elsässischen schätzten, er verschweigt auch völlig die ihm wohlbekannte Art und Weise, wie diese Mülhäuser Philanthropen sich von den bei blühendem Geschäfte so willkommenen deutschen «Parias», wie Herr Mossmann sie nennt, sobald die Geschäfte zurückgingen, durch Ausweisung aus Frankreich befreiten. Und wenn es auch absolut unwahr ist, dass ich dieser Thatsache allein den Reichtum der Mülhäuser «Herren» zuschreibe, so bleibt es doch wahr und gewiss nicht preiswürdig, dass sie, sobald ihr überhitzter Erwerbseifer sie wieder einmal an jenen «Rand des finstern und tiefen Abgrunds gestellt hatte», den dummen «Schwoben» die Unterhaltung ihrer industriellen Reservearmee zuschoben.

Indess folgen wir Herrn Mossmann weiter! Bisher hat er uns gezeigt, wie die harte Notwendigkeit den bemitleidenswerten Mülhäuser Kleinbürger zwingt, den Weltmarkt zu erobern und wie das Unbedachte seiner Produktionsweise ihn dazu führt, aus den Ersparnissen, die er am Lohn des altdeutschen «Parias» macht, die Kapitalien anzusammeln, die ihn vor dem Abgrund erretten! Zeigte er sich so sogar als Wohlthäter seiner Arbeiter, indem er ihnen den Lohn herabsetzte, so zeigte er sich alsbald auch nach der entgegengesetzten Seite als das Muster von Edelmut. Nachdem er nämlich jene wohlthuenden Ersparnisse gemacht, erwachte nach Herrn Mossmann die Stimme seines Gewissens. Und zum Beweise beruft sich dieser einzige Geschichtschreiber auf das Programm, in dem der Mülhäuser Gewerbeverein vor nahezu 60 Jahren versprach, nichts zu vernachlässigen, um das sittliche

Niveau der Arbeiter zu heben. Also, wie Herr Karl Grad noch in diesem Frühjahr behauptet hat, das Elsass marschirte zu allen Zeiten an der Spitze der Humanität!

Nun habe ich in meinem Buche eingehend nachgewiesen, wie jenes Programm Jahrzehnte lang nichts als eine Phrase blieb und wie erst nach den revolutionären Bedrängnissen des Jahres 1848 und unter dem Drucke der napoleonischen Verwaltung von socialen Reformen in Mülhausen ernstlich die Rede war. Diese meine Nachweise stehen im vollsten Einklang einerseits mit den zeitgenössischen Schilderungen von Villermé und Voltz, andererseits mit den eigenen Äusserungen desselben Herrn Engel-Dollfuss, dessen Biographie Herr Mossmann überdies selbst herausgegeben hat. Insbesondere habe ich gezeigt, welche Not der edle Joh. Jak. Burckhardt hatte, um den Erlass des ersten französischen Gesetzes zur Beschränkung der Kinderarbeit in den Fabriken herbeizuführen, und welch' zähen Widerstand seitens des Mülhäuser Gewerbevereins er dabei zu überwinden hatte. Nichts desto weniger wagt es Herr Mossmann, dem Mülhäuser Gewerbeverein das Verdienst dieses Gesetzes zuzuschreiben! Dies ist denn sogar für Herrn Winterer zu viel. Ausdrücklich schreibt er über meine diesbezüglichen Ausführungen: «Sa critique n'est pas sans fondement», und er plädirt nur dafür, dem Mülhäuser Gewerbeverein mildernde Umstände zu bewilligen: «à l'époque, dont il est question, le laissez-faire n'était pas seulement la doctrine de la société industrielle; l'école du laissez-faire était alors l'école dominante». Indess nicht einmal diese mildernden Umstände lassen sich zugestehen. Denn bekanntlich hat der Mülhäuser Gewerbeverein, sobald es sich um eine Schutzgesetzgebung zu Gunsten des Fabrikantengewinnes, d. h. um Schutzzölle handelte, die Doktrin des Laissez-faire stets aufs Energischeste perhorrescirt, andererseits war, als Burckhardt jenen Feldzug zu Gunsten einer Fabrikgesetzgebung unternahm, solch' ein Schutz längst nichts Unerhörtes mehr. Nicht nur in England gelangte seit der Einführung der Fabrikinspektoren i. J. 1833 eine viel weiter gehende Arbeiterschutzgesetzgebung längst zur Ausführung, sondern auch das barbarische Preussen, dem das an der Spitze der Humanität marschirende Elsass so sehr überlegen ist, hatte schon 1839 seine Fabriksregulative erlassen, d. h. dasselbe Gesetz, dessen wesentliche Bestimmungen sogar dem Wortlaut nach in die deutsche Gewerbeordnung von 1869 übergegangen sind, und welches jenen Arbeiterschutz einführte, gegen dessen Ausdehnung auf das Elsass die Notabelnversammlung der Fabrikanten noch i. J. 1878 sich so sehr gewehrt hat!

Fürwahr, das Elsass marschirte damals so wenig wie später an der Spitze der humanitären Bestrebungen der Welt! Verlangt doch der elsässische Philanthrop, dass seine Philanthropie «ein gutes Geschäft» sei. Daher war man stets und ist man noch immer gegen jede wirksame Arbeiterschutzgesetzgebung. Und ist von Beschäftigung von Kindern in den Fabriken die Rede, so sieht man sich deshalb genötigt, seine Eigenschaft als Wohlthäter der Menschheit dadurch nachzuweisen, dass man hervorhebt, die Mülhäuser Fabrikanten, indem sie die Knaben und Mädchen der mit Kinder überladenen Familien in Arbeit nehmen, vermehrten das Brod ihrer Eltern!

Hier stehen wir vor dem einzigen Argumente, von dem vielleicht zu fürchten ist, dass es auch bei manchem deutschen Leser Eingang finde. Hörte ich doch, ein hochstehender deutscher Beamte habe vor nicht langer Zeit geäussert: «Was kann es für ein dreizehnjähriges Mädchen überhaupt Besseres geben als die Aufnahme in eine Fabrik! Zu Haus findet es höchstens einen trunkenen Vater und eine zerlumpte Mutter. Dort aber befindet es sich in den Fabrikräumen unter heilsamer Aufsicht und Disziplin und der Lohn, den es verdient, erhöht das Einkommen seiner Eltern». Sehen wir von der eigentümlichen Vorstellung, dass ein Arbeiterkind normaler Weise zu Hause einen trunkenen Vater und eine zerlumpte Mutter vorfinden muss, ab, so hatte der betreffende Beamte vielleicht noch eine gewisse Entschuldigung für seine Auffassung. Vielleicht kam er aus einer Gegend, in der es keinerlei Grossindustrie, welche Kinder beschäftigt, gibt, in der die Werkstätte eines Schusters oder Schneiders vielleicht der einzige Gewerbebetrieb war, mit dem er in nähere Berührung gekommen. Herr Mossmann aber kann keine derartige Ausrede geltend machen. Er lebt inmitten der Grossindustrie. Und wenn er etwa aus seiner Studirstube nicht hinauskommt, um sie selbst kennen zu lernen, so muss der Historiograph von Mülhausen doch das Buch des Abbé Cetty «La famille ouvrière en Alsace» kennen und daraus wissen, dass nichts unrichtiger ist, als eine solche Auffassung.

Denn, wenn ich auch ganz davon absehen will, dass in dem Masse, als die Kinderarbeit den Eltern Zuschüsse verschaffen könnte, der Arbeitgeber auch in den Stand gesetzt würde, weitere Ersparnisse an dem Lohne der Eltern zu machen, von einer thatsächlichen Vermehrung des Einkommens der Eltern folglich keine Rede wäre, so zeigt doch Abbé Cetty, dass im Oberelsass die Eltern von ihren in eine Fabrik eingetretenen Kindern alsbald Zuschüsse überhaupt nicht mehr erhalten.

Denn das Kind, der Knabe wie das Mädchen, das in der Fabrik arbeitet und selbstständig etwas verdient, weiss sich rasch der Autorität der Eltern zu entziehen. Solche jugendliche Arbeiter vergeuden ihre Verdienste oft durch Ausgaben der bedenklichsten Art. Wenn die Eltern protestiren, erwidert das auf seinen eigenen Verdienst pochende Geschöpf: «Man kocht auch anderswo», und nun nimmt es Wohnung in einem jener Häuser, welche ein Geschäft daraus machen, solche Früchtchen der Kinderbeschäftigung in Kost und Wohnung zu nehmen. Solche Häuser, so berichtet wohlverstanden nicht der böse Dr. Herkner, sondern der Elsässer Abbé Cetty, gibt es im Ober-Elsass zu Hunderten; in Mülhausen, in Thann, in Gebweiler und anderwärts finden sie sich fast in jeder Strasse. Hier erhält die entartete Jugend dann nicht nur Freiheit und Unabhängigkeit, sondern auch die Gelegenheit zu sittlichen Ausschweifungen, welche, so lange die Kinder von den Eltern abhängig waren, die elterliche Zucht niemals geduldet hätte. Hier wachsen nun Bursche und Mädchen auf, meist schon, bevor sie in die Ehe treten, in frühzeitigem Concubinate. Das Mädchen lernt weder nähen noch kochen; wird es einmal eine Arbeiterfrau, so wird es diese nur in geschlechtlicher Beziehung; die sittlichen Pflichten einer Gattin oder Mutter kann es niemals erfüllen. Und so wird die Grundlage aller sozialen Ordnung in ihrer Quelle, der Familie, vergiftet, und Staat und Gesellschaft eifern dann, wenn es zu spät ist, über die fortschreitende Verwilderung der Sitten. — In der That, was kann es Zweckmässigeres geben für ein Mädchen von 13 Jahren, als die Beschäftigung in einer Fabrik!

Zeigen sich so die Bemerkungen, durch welche Herr Mossmann den erschütterten Glauben an die ewige sittliche Überlegenheit des Elsasses wieder festigen will, als nahezu frivol, so ist er nicht minder unglücklich in seinem Bestreben das, was seit der Annexion seitens der Deutschen, um den Fortschritt des Landes zu fördern, geschehen ist, zu verdunkeln. Ich lege hier weniger Wert darauf, dass er bei Erwähnung der vorzüglichen Communikationen, welche Mülhausen mit den benachbarten Ortschaften verbinden und so das Draussenwohnen der dort beschäftigten Arbeiter ermöglichen, verschweigt, dass das ausgezeichnete Sekundärbahnnetz im Elsass und besonders die Mülhäuser Ringbahn, erst von den Deutschen ausgebaut worden ist. Aber selbst die Verdienste der deutschen Schulgesetzgebung sucht Herr Mossmann zu Gunsten der Mülhäuser Herren herabzuwürdigen. Er macht mir zu dem Zweck den Vorwurf, dass ich bei meiner Anerkennung jener Verdienste sowohl den Feldzug übergehe, den der Mülhäuser Gewerbeverein schon vor der Annexion zu Gunsten des obligatorischen Unterrichtes unternommen habe, als auch die von der Geistlichkeit seit Jahren getroffene Massregel verschweige, das Alter für die erste Gommunion hinauszuschieben, eine Massregel, die wesentlich den Zweck gehabt habe, die Eltern zu verhindern, ihre Kinder zu früh in die Fabrik zu schicken. Nun habe ich allerdings den letztgenannten Versuch wegen seiner Erfolglosigkeit nicht ausdrücklich erwähnt, wohl aber, was wichtiger war, auf die nach dieser Richtung sehr reformfreundliche Haltung des Clerus beider Confessionen (vgl. S. 249 meines Buches) hingewiesen. Sehen wir indess auch hiervon ab, so bleibt einmal die Frage, wie kommt es, wenn die deutsche Regierung erst das geleistet hat, was die Geistlichkeit und die Mülhäuser Herren stets vergeblich erstrebt haben, dass sowohl die näheren und nächsten Freunde, welche Herrn Lalance bei der letzten Wahl durchsetzten, als auch Abbé Winterer, alles, was von deutscher Seite geschieht, fortwährend herunterreissen? Was aber sodann jenen Feldzug angeht, den der Gewerbeverein schon vor der Annexion zu Gunsten des obligatorischen Schulunterrichtes unternahm, so habe ich wohl seiner gedacht, und wenn es vielleicht nicht mit dem von Herrn Mossmann gewünschten Nachdrucke geschah, so möge er sich von Herrn Winterer belehren lassen, warum derselbe keine glorifizirende Erwähnung verdiente. Schreibt doch Herr Winterer S. 349 seines gegen mich gerichteten Aufsatzes, dass «la fameuse ligue de l'enseignement», die in den Reihen der Mülhäuser Industriellen ihre Hauptanhänger gefunden habe, weit entfernt gewesen sei, in der Bekämpfung der Unwissenheit ihren Hauptzweck zu suchen. «Il eût été si facile, so fährt er fort, «à ces industriels de procurer l'instruction élémentaire aux enfants des ouvriers; il eut suffi d'écrire en tête du réglement des usines: «Tout enfant, pour être admis, doit savoir lire et écrire»».

Im Übrigen muss ich Herrn Mossmann daran erinnern, dass ja nicht erst ich, sondern ebenso schon die Präfekten und Unterpräfekten, die zur Zeit der von ihm heissgeliebten französischen Herrschaft über Mülhausen Gewalt hatten, genau so über die sich selbst verherrlichenden Mülhäuser Herren nach Paris berichtet haben, wie ich ausführe. Aber freilich, ebenso wie Herr Mossmann die famose Berufung, welche die Herren Köchlin, Scheurer, Kestner und Genossen noch im Jahre 1869 an das Deutschtum ihrer Arbeiter einlegten, unterschlagen hat, so unterschlägt er auch diese ihm unangenehmen Belege. Indess nicht doch! Er übergeht sie ja nicht vollständig. Wenigstens hat er sie wohl im Auge, wenn er mir vorwurfsvoll zuruft: «wenn Sie das menschliche Herz besser kennen würden, so wüssten Sie, dass man überall gehässige Verleumder der Industrie findet, und dass das Gefühl, welches diese Leute beseelt, sich in mehr als einem der Aktenstücke vorfindet, deren Ausgrabung Ihnen beschieden war; sogar in Erwägungen und dem Dispositiv gewisser richterlichen Urteile».

Auch wenn Herr Mossmann auf Seite 22 seiner Schrift nicht so offenherzig gewesen wäre, der Verwaltung nur da Urteilsfähigkeit zuzusprechen, wo sie aus der Sachkenntnis der Mülhäuser Herren schöpft, so würde schon diese Stelle zeigen, welches Mass von Unterwürfigkeit der Verwaltung die Mülhäuser Herren für sich verlangen.

In wissenschaftlichen und richterlichen Kreisen gilt das Zeugnis dessen, der an einer bestimmten Art der Darlegung kein eigenes Interesse besitzt, als das glaubwürdigere. Anders bei Herrn Mossmann! Ihm ist stets das eigene Zeugnis der Interessenten und zwar nur das der Vertreter des einen Interesses, desjenigen der Arbeitgeber, das allein richtige. Das Zeugnis aller anderen Personen dagegen ist, sobald es jenem Zeugnisse widerspricht, stets gehässige Verläumdung. Und zwar gilt ihm dies nicht nur bezüglich derjenigen, die gar kein Interesse haben, die

Unwahrheit zu sagen, sondern auch für das Zeugnis aller derer, deren Pflicht sogar die möglichst objektive Wiedergabe der Thatsachen ist, die also an der reinen Wiedergabe selbst das grösste Interesse besitzen!

Ja auch der französische Präfekt wird für Herrn Mossmann notwendig ein Verleumder, sobald sein Zeugnis gegen die Mülhäuser Grossindustriellen sich richtet.

Allein wer kann über solche Auffassung sich wundern! Haben doch die Mülhäuser Herren in der Öffentlichkeit bisher fast allein das Wort gehabt, wo es galt die Lage der Arbeiter zu schildern. Und von den Enquêten, welche über deren Lage bisher veranstaltet worden sind, schreibt ja auch Abbé Cetty: (S. 93) «elles ont été trop souvent ouvertes plutôt pour mettre en lumière ce que les patrons ont fait pour le bien-être matériel de leurs ouvriers que ce que les travailleurs attendaient de la protection des patrons pour leur bien-être moral». Auch ist es nicht ohne Feinheit, wenn er in seiner Vorrede einen Redner, der auf dem Katholiken-Kongresse zu Lüttich die Mülhäuser Fabrikanten als die grossen Männer pries, welche das schwierigste Problem, die soziale Frage, gelöst hätten, mit der Bemerkung entschuldigt: «auf 150 Meilen Entfernung könne ein Berichterstatter sich wohl über eine Lage irren, welche er nur aus Compte-rendus — offenbar denen des Mülhäuser Gewerbevereines — kenne.»

Begreifen sich da nicht nur die Abweichungen meiner Arbeit von den bisherigen Darstellungen und die Aufnahme die sie gefunden hat? Selbst Herr Winterer rühmt ihr, wie ich schon oben erwähnt habe, nach, dass sie sich nicht, wie die bisherigen Geschichten der Mülhäuser Industrie auf die technische und materielle Seite ihrer Entwicklung beschränke, sondern auch die Lage ihrer Arbeiter behandle und sich dabei ausser auf die bekannten Bulletins des Mülhäuser Gewerbevereines, auch auf die Aussagen der Arbeiter stütze.

Es war unvermeidlich, dass sie einerseits ein von der bisher verbreiteten offiziellen Lesart völlig verschiedenes Resultat ergab, andrerseits aber auch dem heftigsten Hasse der oberelsässischen Industriellen und ihrer Scribenten begegnete.

IV.

DIE LAGE DER ARBEITER

Als ich mich persönlich nach Mülhausen begab, um meine in Strassburg begonnenen Studien an Ort und Stelle fortzusetzen, hatte ich einen grossen Teil der Bulletins de la Société industrielle de Mulhouse bereits durchstudirt und ausgezogen. Damit hatte ich alles, was die Arbeitgeber mitzuteilen für gut befunden, so gründlich kennen gelernt, dass ich eine Unterstützung ihrerseits, selbst wenn mir eine solche zu Teil geworden wäre, vollständig hätte entbehren können. In dieser Auffassung bestärkte mich noch der Mülhäuser Handelskammersekretär und Stadtarchivar, Herr Coudre, als er sagte: «Wenn Sie die Bulletins und die Handelskammerberichte gelesen haben, wissen Sie mehr, als Ihnen irgend jemand hier sagen kann».

Desto mehr wussten mir aber einige Geistliche und später auch die Arbeiter selbst mitzuteilen.

Indess, bei den in meiner Vorrede erzählten ungünstigen Bedingungen, unter denen meine Untersuchung stattfinden musste, war die Möglichkeit einer Kontrole alles Mitgeteilten für mich sehr erschwert, oft geradezu ausgeschlossen. Ich musste daher häufig aus dem Eindrucke, den mir die allgemeine Glaubwürdigkeit der einzelnen Zeugen machte, sowie aus der nach der ganzen Sachlage grösseren oder geringeren Wahrscheinlichkeit der angegebenen Thatsachen über deren Zuverlässigkeit urteilen. Hier war für Irrungen reichlicher Anlass geboten. Und selbst, wenn eine ganze Reihe der mir gemachten Angaben angefochten worden wäre, hätte dies nicht verwundern können. Ich musste schon zufrieden sein, wenn auch nur das Wichtigste unbestritten blieb.

Da darf ich es denn wohl als einen grossen Erfolg verzeichnen, dass keiner meiner ausführlichsten Gegner, weder Herr Mossmann noch Herr Winterer, auch nur eine meiner auf die unter den Arbeitern herrschenden Misstände bezüglichen Angaben in Abrede gestellt haben. Nur bezüglich eines Umstandes, der gleich erörtert werden soll, behauptet Herr Mossmann, dass ich ihn zu sehr verallgemeinere. Abgesehen hiervon beschränken sich alle mir zugegangenen Berichtigungen solcher Angaben auf zwei vereinzelte Thatsachen, und diese Berichtigungen kamen von anderer Seite.

Die eine ist die schon erwähnte aus Walbach. Mein Gewährsmann hatte mir für Kaysersberg jene auf Seite 350 meines Buches geschilderten Verhältnisse mitgeteilt, wonach daselbst ein Truksystem bestand, und hinzugefügt, ebenso sei es in Walbach. Während nun aus Kaysersberg keine Berichtigung erfolgt ist, haben mich die erwähnten aus Walbach zu neuen Nachforschungen veranlasst. Das Ergebnis ist, dass, wie ich mit Freuden hier mitteile, meine Gewährsmänner sich im Irrtume befanden, als sie ihre auf Kaysersberg bezüglichen Angaben auch auf Walbach ausdehnten. Es handelt sich hier um eine Verwechslung allerdings äusserlich sich ähnelnder Verhältnisse.

Die Walbacher Arbeiter werden nur alle 14 Tage entlohnt. Der Lohn, den sie alsdann erhalten, beträgt für die überwiegende Mehrzahl derselben nur 15 Mark für zwei Wochen. Da hat die Firma, um ihren Arbeitern das Leben zu ermöglichen, einen Laden errichtet. Hier erhalten sie, was sie brauchen, aber nicht teurer, sondern billiger als in andern Läden.

Weniger scheint festzustehen, dass meine Angaben über eine auf der Mülhäuser Börse befindliche Tafel, welche zur Proscription missliebig gewordener Arbeiter dient, eine irrige ist, oder vielmehr, es dürfte höchstens richtig sein, dass sie heute nicht mehr dort vorhanden ist; dagegen bleibt es fraglich, ob sie sich nicht vor relativ kurzer Zeit noch dort befand. Aus Anlass dieser Tafel brachte nämlich die «Neue Mülhäuser Zeitung» vom 2. Juni 1887 eine Zuschrift, wonach vor einigen Jahren, als in mehreren Fabriken Mülhausens eine Reihe von Diebstählen stattgefunden hatte, die beteiligten Fabrikanten unter sich das Abkommen trafen, sich gegenseitig die Namen der wegen Unterschlagung von Waaren entlassenen Arbeiter anzuzeigen. Die Mitteilungen seien erfolgt auf dem Wege der Korrespondenz oder mündlich auf der Börse. Dagegen habe eine Tafel von der angegebenen Art weder auf der Börse noch sonstwo in Mülhausen existirt.

Auch dieser Widerspruch hat mich zu erneuten Nachforschungen veranlasst. Als Resultat kann ich nur mitteilen, dass nicht blos Arbeiter sondern sogar ein ehemaliger höherer Fabriksbeamter die Angabe von jener Tafel als etwas in Mülhausen «allgemein Bekanntes» hinstellen. Einer der von mir aufs neue und dringend Befragten, giebt an, jene Tafel sei bei der Arbeitseinstellung im Jahre 1870 eingeführt, aber ausser Dienst gestellt worden, als die Telephoneinrichtung alle grösseren Geschäfte miteinander verband.

Die Bemerkungen über Walbach und die über diese Tafel sind aber die einzigen Angaben meines Buches über oberelsässische Arbeiterzustände, welche heute, sechs Monate nach seinem Erscheinen und trotz allen Lärmes, den es erregt hat, überhaupt bestritten worden sind!

Wie aber verhält es sich mit meinen Angaben über die Attentate auf die Sittlichkeit, denen Arbeiterinnen im Oberelsass nicht blos Seitens der Werkmeister und Direktoren, sondern zuweilen auch seitens der Herren selbst ausgesetzt sind?

Herr Mossmann geberdet sich hier, als habe ich damit etwas ganz Unerhörtes gesagt. Gewisse Ausnahmen, bezüglich deren die Angabe richtig sei, will er allerdings selbst nicht leugnen; auch wäre dies angesichts eines Falles, der im ganzen Lande notorisch geworden ist, ganz unmöglich gewesen. Aber er nennt es eine Verleumdung, diese Ausnahmen zu verallgemeinern. Und wenn ich an einer früheren Stelle fast geneigt war, Herrn Mossmann nicht nur eines schwachen Verstandes, sondern auch eines bösen Herzens zu beschuldigen, so macht die liebenswürdige Naivität, mit der er mir hier entgegentritt, das letztere wenigstens unmöglich. Ob ich denn nicht wüsste, dass die oberelsässischen Fabriksbesitzer sich schon mit 25 Jahren, ja oft noch früher verheirateten und oft schon Grossväter in einem Alter seien, wo man anderswo kaum daran denke, in die Ehe zu treten!

Da die Mülhäuser Herren, wie mir mitgeteilt worden ist, mit Bedauern vergeblich nach Stellen meines Buches gesucht haben, die es möglich machen würden, mich der Staatsanwaltschaft zu überantworten, kann ich hierauf mit Namen nicht antworten. Ich möchte ihnen nicht nachträglich das vermisste Vergnügen bereiten. Auch ist eine derartige Nennung von Namen nicht nötig. Ich will gar keinen Wert darauf legen, dass privatim sogar die Bemerkung gemacht wurde, ich hätte die schlimmsten Dinge offenbar gar nicht erfahren. Sehen wir vielmehr, was Herr

Abbé Cetty, seit Jahren Seelsorger in Mülhausen, schon i. J. 1882 darüber hat drucken lassen:

«Leider», so schreibt er auf S. 157 seiner trefflichen «La famille ouvrière en Alsace», «lässt es sich nicht bestreiten, dass im Elsass ebenso wie in Frankreich und Deutschland die Verführer nicht einzig und allein der Arbeiterklasse angehören. Die gefährlichsten, weil die mächtigsten, gehen aus der herrschenden Klasse hervor. Das sind jene Männer, welche durch nichtswürdige Praktiken, durch falsche Versprechen, durch verbrecherische Drohungen nicht bloss die Keuschheit der jungen Mädchen, sondern auch die der verheirateten Frauen in Frage stellen. Es gäbe eine sehr traurige und tief demütigende Seite zu schreiben, wollte man die erbärmlichen Mittel enthüllen, zu denen gewisse Direktoren, Werkmeister und Fabrikantensöhne greifen, um ihre Stellung gegenüber den Frauen zu missbrauchen, die ohne Schutz und Gnade ihren verbrecherischen Begierden überliefert sind.

Warum hat Herr Mossmann nicht schon vor Jahren seine jugendlichen Grossväter gegen Abbé Cetty ins Feld geführt, wenn es sich hier wirklich nur um Verleumdungen einer ganzen lebenden Generation auf Grund gewisser Ausnahmen handelt!

Somit bleibt es denn bei der Angabe über das Trucksystem in Walbach als der einzigen, bei der es feststeht, dass ich sie zurücknehmen muss. Die bezüglich der erwähnten Mülhäuser Tafel wird in der Hauptsache von der einen Seite ebenso lebhaft aufrecht erhalten, wie sie von der anderen bestritten wurde. Meine Ausführungen aber über die von Vorgesetzten jeder Art ausgehende Gefährdung der Sittlichkeit der Arbeiterinnen erscheinen aufs Neue bekräftigt.

Und ebenso verhält es sich mit meinen anderen Angaben über die oberelsässischen Arbeiterverhältnisse. Denn was schreibt mein anderer Gegner, Herr Winterer, in der Kritik meines Buches?

«Übrigens ist es wahr, dass der durchschnittliche Arbeitslohn in einem Teile der Mülhäuser und oberelsässischen Baumwollindustrie nicht oder nur ungenügend hinreicht, um eine Familie von 5 Personen anständig zu ernähren, und dass es dazu noch der Arbeit der Frauen oder der Kinder bedarf».

«Es ist sehr wahr (bien vrai), dass die Wohnungen einer

grossen Zahl von Arbeitern viel zu wünschen übrig lassen, und dass das sehr nützliche Unternehmen der Cités ouvrières nicht Alles, was erwartet wurde, verwirklicht hat».

«Es ist sehr wahr, dass der Arbeitstag häufig zu sehr verlängert wird, besonders an gewissen Tagen und zur Zeit der mehr oder weniger dringlichen Aufträge».

«Es ist sehr wahr, dass die Arbeit der Kinder, der jugendlichen Arbeiter und der Frauen zum mindesten was die Vorschriften angeht, in den benachbarten Ländern besser geregelt ist, die in dieser Hinsicht ihre Gesetzgebung geändert haben».

«Es ist sehr wahr, dass die Baumwollindustrie des Oberelsasses fast nichts gethan hat, um eine Trennung der Geschlechter in den Werkstätten herbeizuführen, selbst da, wo eine solche Trennung möglich ist».

«Es ist sehr wahr, dass die Wollindustrie, welche aus der Baumwollindustrie sich entwickelt hat, seit mehreren Jahren eine Nachtarbeit, deren Rechtfertigung wir in keiner Weise versuchen werden, als Regel organisirt hat, und dass sie dabei gleichmässig Männer, jugendliche Arbeiter und Frauen beschäftigt».

«Es ist sehr wahr, dass die Kindersterblichkeit eine viel zu hohe in unseren Industriebezirken ist, noch höher im Kreise Thann als im Kreise Mülhausen».

«Es ist sehr wahr, dass auch die Rekrutirung in den Industriebezirken wenig befriedigende und in einigen sogar betrübende Ergebnisse liefert».

«All das ist wahr». Aber, fährt der Herr Abbé entschuldigend fort, es sei nicht so im Elsass allein, sondern ebenso in allen Industrieländern.

Ich werde auf diese Entschuldigung noch weiter zu sprechen kommen.

Zunächst sei seine Bestätigung konstatirt. Ich danke Herrn Winterer für den Mut, mit dem er all' dies eingeräumt hat.

Aber wo bleiben denn die Anschwärzungen der Mülhäuser, die man mir zum Vorwurfe gemacht hat?!

V.

MÜLHÄUSER SOZIALPOLITIK, KLERIKALE BESTREBUNGEN UND STAATSSOZIALISMUS.

Von allen meinen Ausführungen haben wohl keine in Mülhausen so empfindlich berührt wie diejenigen, welche das Unzulängliche, ja Unwahre und teilweise Gefährliche der bisherigen oberelsässischen Sozialpolitik sowie die Notwendigkeit eines energischen Eingreifens der deutschen Verwaltung darzulegen bemüht sind. Gewiss! meine nüchterne Darstellung der wirklichen Entwicklung hatte die Eitelkeit bedeutend verletzt. Auch hatte meine Betonung der noch heute vorhandenen Misstände nicht wenig geärgert. Aber, sobald die bisherige Mülhäuser Sozialpolitik in Frage gezogen wurde, handelte es sich um mehr als eine blosse Störung der Eitelkeit und Selbstzufriedenheit. Hier handelte es sich um eine Anfechtung jener Herrschaft über die Arbeiter, welche Arbeitgeber und Klerus bislang ausgeübt hatten und zwar um eine Anfechtung derselben zu Gunsten der so verhassten deutschen Verwaltung.

Daher finden wir in diesem Punkte auch bei Herrn Mossmann und bei Herrn Winterer die gleiche Gereiztheit. Der Erstere bezichtigt mich, die von den Arbeitgebern zu Gunsten der Arbeiter getroffenen Wohlfahrtseinrichtungen teils gar nicht erwähnt, teils nicht genügend hervorgehoben, teils entstellt wiedergegeben zu haben. Der Andere beschuldigt mich, die Bedeutung der Religion für die Lösung der Arbeiterfrage zu vernachlässigen, ja zu verkennen. Und während es bisher sehr oft möglich war, das Zeugnis des einen meiner Gegner dem des anderen gegenüberzustellen, sind sie beide einstimmig in dem Angriffe auf die staatssozialistische Schule, der ich angehören soll, gegen meine angebliche Lehre, dass der Staat allein es sei, der die soziale Frage zu lösen und die Gesellschaft zu retten im Stande sei.

Ich will diese Vorwürfe sammt ihrer Begründung nach einander betrachten und zunächst mit denen des Herrn Mossmann beginnen.

Dabei übergehe ich selbstredend alle Ausstellungen, die

lediglich darin bestehen, dass Herr Mossmann hinter die Ergebnisse meiner Darlegung ein entrüstetes Ausrufungszeichen zu setzen beliebt. Ein blosses «Hic niger est» kann wohl nicht auch nur als ein Versuch einer Widerlegung genommen werden.

Vor allem gilt es ihm, den Ruf, dass die oberelsässischen Fabrikeinrichtungen über alle Anfechtung erhaben seien, wiederherstellen.

Dass dieselben in der Vergangenheit nicht musterhaft waren, kann er nicht bestreiten. «Allein», so ruft er mir auf S. 19 zu, «wenn Sie die Fabriksäle aus früherer Zeiten beschreiben, die in engem Raume zusammengedrängten Maschinen, die niederen Decken, den Mangel an frischer Luft, den Staub, die Hitze, Alles, was die einzuatmende Luft verdarb, so hüten Sie sich sehr, diesen barbarischen Einrichtungen die weiten, hellen, gut gelüfteten, unter den besten Bedingungen eingerichteten Säle entgegenzustellen, deren höchst mögliche Zuträglichkeit für die Gesundheit des Arbeiters noch täglich ein Gegenstand der Fürsorge des Gewerbevereins ist».

Darauf ist zunächst zu erwidern, dass mein Werk ein historisches ist, und die ganze Entwicklung der oberelsässischen Baumwollindustrie von ihren Anfängen umfasst. Ich musste also die Thatsachen an der Stelle anführen, welche ihnen in der historischen Entwicklung gebührt. Wenn ich im zweiten Buche über die Zustände berichte, wie sie sich nach der Einführung des Maschinenbetriebes gestalteten, so gibt es ebensowenig einen sachlichen Grund — und nur ein solcher konnte mich bestimmen — in die im dritten Buche behandelten Zustände der Gegenwart überzuspringen, wie bei der Darstellung der Gegenwart auf die bereits geschilderte Vergangenheit zurückzugreifen. Der Vergleich, in wiefern ein Fortschritt stattgefunden hat, ergibt sich für den Leser, der nicht Stellen aus dem Zusammenhange reisst, von selbst.

Sodann aber ergibt eben dieser Vergleich, dass die Beschaffenheit der Fabriksäle keineswegs die ideale ist, welche Herr Mossmann schildert. Nur hinsichtlich der Aufstellung der Maschinen konnte ich constatiren, dass mir über diesen Punkt fast gar keine Klagen zu Ohren kamen. Auch da ist Herr Engel-Dollfuss mit seinen Bemühungen, einen Verein zur Verhütung der Unfälle herbeizuführen erst dann erfolgreich gewesen, als in Folge einer schärferen Interpretation der Art. 1382 – 1384 über die Haftpflicht die Verurteilungen der Arbeitgeber zu Schadenersatze sich gemehrt hatten. Seit der Einführung des milderen deutschen Haftpflichtgesetzes machte der Verein charakteristischer Weise nur langsame Fortschritte, und erst seit Erlass des deutschen Unfallversicherungsgesetzes wurden seine Bemühungen mit vollem Erfolge gekrönt. Wo dagegen die Gesetzgebung nicht in gleicher Weise zu Verbesserungen drängte, d. h. hinsichtlich aller anderen Fabrikeinrichtungen, finden sich die Misstände, die ich auf S. 299 und 300 meines Buches, und zwar nicht nur auf Grund der Aussagen der Arbeiter, sondern auch der Kreis- und Cantonalärzte, geschildert habe. Allerdings hatten die Herren J. A. Schlumberger und Fr. Engel-Dollfuss bereits 1848 berichtet, dass die Säle «gross und luftig sind und stets eine gleichmässige Temperatur besitzen.» Aber eben weil dies nicht richtig war, müssen sie ja noch jetzt «täglich ein Gegenstand der Fürsorge des Gewerbevereines» sein. Dass aber auch diese Fürsorge ihren Zweck bislang noch nicht erreichte, hat meine Enquête gezeigt.

Doch wenden wir uns zu weit Wichtigerem, zu dem Hauptschmerze, den Herr Mossmann empfindet. Derselbe besteht darin, dass ich die sog. Wohlfahrtseinrichtungen, bei denen, wie er an anderer Stelle selbst sagt, die Fabrikanten «sowohl die Rechnung gesucht als gefunden haben,» als das hinstelle, als was sie Herr Karl Grad bezeichnete, wenn er sagte: «Diese Philanthropie ist seitens der Industriellen unserer Gegend ein gutes Geschäft.»

Hierbei ereifert sich mein Gegner besonders über meine Behandlung der Cités ouvrières und über meine Darstellung des oberelsässischen Kassenwesens.

Gegen die erstere richtet sein Zorn sich vornehmlich deshalb, weil ich zwei Dinge, die bisher möglichst im Dunkel gehalten wurden, an das Tageslicht zog.

Das eine ist die Thatsache, dass Joh. Dollfuss aus dem Teile des Grundstückes, das er zu billigem Preise für den Bau der Cités ouvrières zur Verfügung stellte, den Vorteil zog, dass der andere ihm verbleibende Teil beträchtlich im Preise stieg, und ihm der Wert des Hingegebenen somit reichlich ersetzt wurde. Dabei habe ich diesen Sachverhalt ohne jedwede Bemerkung erzählt. Um so auffallender ist die Gereiztheit!

Das andere für die Entstehungsgeschichte der Cités äusserst wichtige Moment, wegen dessen Betonung ich mir die Liebenswürdigkeiten des Herrn Mossmann zugezogen habe, ist der Staatszuschuss von 300 000 Frcs., welcher der Baugesellschaft gewährt wurde. Man hatte diesen hervorragenden Anteil der Regierung an der Gründung des Arbeiterviertels bisher nämlich durch den Hinweis abzuschwächen gesucht, dass dieser Betrag nur zur Anlage der Strassen, Brunnen und Plätze verwendet, also zur eigentlichen Herstellung der Häuser nicht benötigt worden sei. Ich hob nun hervor, wie nach der französischen Baugesetzgebung die Kosten der Strassenanlagen stets einen Teil der regelmässigen Baukosten ausmachen, durch die Staatszuschüsse also unbestreitbar ein Drittel der Baukosten gedeckt worden sei. Dies sucht nun Herr Mossmann zu bestreiten. Die Ebnung der Strassen und Herstellung von Trottoirs falle nach französischem Rechte nicht den Hausbesitzern sondern den Gemeinden zur Last. Offenbar glaubt er, damit die alte Legende über die Entstehung der Arbeiterstadt lediglich aus den freiwilligen Leistungen der Fabrikbesitzer wieder hergestellt zu haben. Allein, Herr Mossmann ist hier ebenso wenig glücklich wie bei seinen anderen Widerlegungsversuchen. Nach O. Mayer, Französisches Verwaltungsrecht S. 330 müssen gemäss einem Staatsratsgutachten vom 25. März 1807 und einem Gesetze vom 7. Aug. 1845 die Angränzer einer Strasse die Kosten für die erste Pflasterung und für die Herstellung der Bürgersteige bestreiten. Die Gemeinde ist es nur, welche die Arbeiten vornimmt und die Kosten in der Form der direkten Steuer beitreibt. Und dem entsprechend schreibt schon Abbé Cetty von jener Subvention: «Elle a permis la construction immédiate des chaussées, rues, bains, lavoirs etc. dans un moment où il eut été bien difficile de trouver des ressources ailleurs, et ainsi chaque maison a pu être degrevée de la part proportionelle qu'elle aurait eu à supporter de ces frais généraux.»

Nicht anders verhält es sich mit dem, was Herr Mossmann gegen meine Kritik des oberelsässischen Kassenwesens vorbringt. Dass diese Kritik unbegründet sei, wagt er selbst nicht zu behaupten. Er giebt sogar zu, dass manche elsässische Kassen und andere ähnliche Wohlfahrtseinrichtungen die Tendenz haben, die Arbeiter auf immer von den einzelnen Fabriken abhängig zu machen. Nur soll ich verheimlicht haben, dass bereits Herr Engel-Dollfuss sich gegen solche Einrichtungen ausgesprochen habe.

Aber glauben Sie denn wirklich, Herr Mossmann, dass ein so böser Mensch, wie ich nach ihrer Darstellung bin, sich für seine diesbezüglichen Ausführungen nicht viel lieber auf das Zeugnis des Herrn Engel-Dollfuss, wenn er es gekannt hätte, als auf das des Herrn Karl Grad berufen haben würde? Sehen Sie denn nicht, dass Sie, indem Sie nun auch Herrn Engel-Dollfuss noch als Zeugen herbeirufen, die schwersten Vorwürfe, die ich erhoben habe, einfach bestätigen? Und sehen Sie nicht ein, dass die Frage weit wichtiger ist, ob die behaupteten Missbräuche wirklich bestehen, als jene, ob ich alle Personen anführe, die ihre Existenz eingeräumt haben? Dass sie aber bestehen, dafür haben wir nun nicht nur das weitere Zeugnis des Herrn Engel-Dollfuss, für das ich Ihnen danke, sondern der angebliche Herr Lalance der Strassburger Post vom 3. Mai erzählt sogar von weiteren und ärgeren Missbräuchen des Kassenwesens, die ich in meinem Buche nicht einmal erwähnt habe. Er spricht von «Härten» gegenüber «den älteren Arbeitern vieler Fabriken,» wenn sie, «bald Berechtigung zu der ihnen nach gewisser treuer Dienstzeit versprochenen Pension hätten. Es heisse, Meister und Aufseher plagten während der letzten Jahre jene armen Invaliden harter, lebenslanger Arbeit so, dass die meisten derselben auf die ihnen in Aussicht gestellte Vergünstigung lieber Verzicht leisteten, als sich noch länger den Chicanen auszusetzen.»

Und angesichts solcher Eingeständnisse ereifern Sie sich, dass ich den wahren Charakter dieser wohlthätigen Kassen aufgedeckt habe!

Dabei fällt es mir selbstverständlich heute ebensowenig ein, die unläugbaren Verdienste einzelner Firmen um das Wohl ihrer Arbeiter in Frage zu stellen, als ich sie in meinem Buche in Frage gestellt habe. Aber gegen drei Dinge muss ich protestiren: einmal, dass man den Glauben erweckt, mit so löblichen Einrichtungen wie der von mir mehrfach erwähnten Fürsorge für Wöchnerinnen, den Kinderasylen, den zuweilen sogar luxuriösen Fabrikspeisesälen, den Kochvorrichtungen und den Badeanstalten für Arbeiter und dgl. mehr den Frieden auf sozialem Gebiete begründen zu können. Denn, wie Öchelhäuser bemerkt, begegnet man «oft kostspieligen und prunkenden Einrichtungen für die Arbeiter, mit rücksichtsloser Behandlung gepaart.» Zweitens muss ich zurückweisen, dass, wie es im Elsass üblich geworden, das, was einzelne Firmen, wie Dollfuss-Mieg & Comp., Charles Mieg & Comp. Schlumberger & Comp. und andere, für ihre Arbeiter thun, zum Deckmantel für die faulen Verhältnisse der übrigen Firmen benutzt werde. Endlich gilt es darauf aufmerksam zu machen, dass Wohlfahrtseinrichtungen wie die von mir kritisirten elsässer Kassen oder die Gewinnbeteiligung des Herrn Lalance keine ehrlichen Massnahmen zu Gunsten der Arbeiter sind, sondern nur sinnreich erfundene Methoden, die Arbeiter in eine willenlose Unterwürfigkeit zu bringen und darin zu erhalten.

Freilich hat Herr Mossmann es sogar gewagt, die notorische Abhängigkeit der Mülhäuser Arbeiter zu bestreiten. Und angesichts meiner Ausführungen über die politische Gefährlichkeit dieser Abhängigkeit, ist ja der Grund hiefür bei einem so leidenschaftlichen Deutschfeinde, als welchen er sich in seiner Biographie des Herrn Engel-Dollfuss zeigt, nicht weit zu suchen.

Aber ist er mit seiner Widerlegung hier glücklicher als an anderen Stellen?

Um meine Überschätzung des Einflusses der Fabrikanten darzuthun, beruft er sich darauf, dass Johann Dollfuss, «der Angesehenste unter ihnen vor dem allgemeinen Stimmrechte bei den Wahlen des Jahres 1868 unterlag.»

Sollte Herr Mossmann wirklich nicht wissen, dass J. Dollfuss zwar der auswärts bekannteste Mülhäuser Fabrikant war, in Mülhausen dagegen wegen seiner freihändlerischen Neigungen gerade unter den Fabrikanten die heftigsten Gegner hatte! Sollte er ganz vergessen haben, dass im Jahre 1868 die Frage der «zeitweiligen Zulassungen» die Fabrikanten des Oberelsasses in zwei sich energisch bekämpfende Gruppen geschieden hatte? Sollte er glauben, man wisse nicht, dass Dollfuss als Vorkämpfer der schwachen freihändlerischen Minderheit dem Einflusse der schutzzöllnerischer Mehrheit unterlag?

In der That, seine Niederlage, weit entfernt einen Beweis für die Machtlosigkeit der Fabrikanten zu liefern, rückt die grosse Abhängigkeit, in der sie die Stimmen ihrer Arbeiter halten, in die hellste Beleuchtung. Im Vergleich zu diesem Einflusse, den die Fabrikanten insbesondere vermöge der gekennzeichneten Wohlfahrtseinrichtungen auf ihre Arbeiter ausüben, ist der der staatlichen Beamten gleich Null.

Es giebt überhaupt nur einen Einfluss der mit dem der Fabrikanten rivalisiren kann, der des Clerus.

Hiermit komme ich zu dem Vorwurfe, den Herr Winterer gegen mich erhebt, dass ich die Bedeutung, welche Religion und Klerus bei der Lösung der sozialen Frage zukomme, verkenne.

Ich beeile mich, Herrn Winterer zu sagen, dass er sich irrt. Wer irgend einmal ohne Vorurteil den unteren Klassen näher getreten ist, wird, gleichviel welches seine Weltanschauung ist, anerkennen müssen, dass der enormen Mehrzahl ihrer Angehörigen die sittlichen Wahrheiten des Lebens weitaus am reinsten und wirksamsten in der während einer jahrhundertelangen Geschichte allmählich entwickelten Form zukommen. Niemand kann dankbarer als ich empfinden, was der Klerus dem Arbeiter schon heute leistet. Ich weiss wohl, dass der Geistliche oft der einzige mit höherer Bildung in Berührung gekommene Tröster ist, der ihm in schweren Stunden zur Seite steht. Ich unterschätze keineswegs die grossartigen Einrichtungen christlich werkthätiger Liebe, die sich unter der Leitung des Klerus befinden. Ich erwarte vom Klerus sogar in der Zukunft die Erfüllung einer noch grösseren sozialen Function, wenn er die sozialen Lehren der Bibel so auffasst, wie sie Charles Kingsley, der christlich-soziale Agitator Englands aufgefasst hat, und er den Arbeitern nicht nur über die Rechte des Eigentumes und die Pflichten der Arbeit sondern auch über die Pflichten des Eigentumes und die Rechte der Arbeit predigt.

Auch bin ich weit entfernt, die Leistungen zu Gunsten der Arbeiterklasse zu verkennen, deren sich viele oberelsässische Geistliche rühmen können. Ich speziell habe z. B. der Belehrung Einzelner unter ihnen viel zu verdanken und diesem Danke auch in meinem Buche Ausdruck gegeben. Aber wenn ich alle klerikalen Bemühungen auf dem Gebiete der oberelsässer Arbeiterfrage nicht so unbedingt preisen konnte und kann, wie dies Herr Winterer verlangt, so liegt der Grund darin, dass sich bei denselben vielfach sehr stark das Bestreben einmischt, die Arbeiter ganz dem klerikalen Einflusse zu unterwerfen. Herr Winterer freilich sucht das in Abrede zu stellen. Nichts desto weniger kann Derjenige, der das Verhalten gerade der leitenden Persönlichkeiten in Vergangenheit und Gegenwart verfolgt hat, sich nicht des Eindruckes erwehren: Zur französischen Zeit galt es ihnen vor allem die Arbeiter der Macht der Fabrikanten zu entreissen, weil diese Protestanten und Freimaurer waren; heute lassen sie den Einfluss derselben unangetastet, um ihn sammt dem eigenen gegen das deutsche Reich zu wenden und zwar nicht bloss, weil sie dasselbe als protestantisches Reich zu betrachten belieben, sondern auch weil sie französisch gesinnt sind.

Hieraus erklärt sich auch manches in der Art und Weise, wie diese leitenden Persönlichkeiten sich in der Arbeiterfrage benehmen. Herr Winterer ist allerdings ganz wütend auf mich, weil ich schrieb, erst seitdem die «Strassburger Post» vom 15. Januar 1885 für die Einführung der deutschen Arbeiterschutzgesetzgebung im Reichslande eingetreten sei, habe auch er im Landesausschusse der Regierung Vorwürfe wegen des Fehlens solcher Gesetze gemacht. Er beruft sich darauf, dass er schon früher wenigstens die strenge Durchführung des französischen Gesetzes über Kinderarbeit von 1841 im Landesausschuss verlangt habe. Aber dies ist es ja eben, worin sich die eigentümliche Beeinflussung der Sozialpolitik des Herrn Winterer durch seine Deutschfeindlichkeit zeigt. Wäre ihm diese nicht noch über seine Arbeiterfreundlichkeit gegangen, so hätte er statt jenes schwächlichen französischen die Ein- und Durchführung des weit arbeiterfreundlicheren deutschen Gesetzes verlangt. Wäre es ihm Ernst gewesen, warum hat denn nicht er, der doch stets die Anträge des Centrums auf weitere Ausbildung der deutschen Arbeiterschutzgesetzgebung unterstützte, schon längst im Reichstage einen Antrag auf Einführung der geltenden deutschen Fabrikgesetzgebung im Elsass gestellt?! Einer freundlichen Aufnahme hätte er sicher sein können. Aber freilich dies hätte ja im Elsass den Glauben erwecken können, dass das in der Revue catholique d'Alsace und der übrigen ultramontanen Presse des Elsasses stets so heruntergerissene Deutsche Reich denn doch Einiges vor den Franzosen voraus hat! Und somit bleibt es bei der Thatsache, dass, wie ich schrieb, Herr Winterer erst dann für eine der deutschen ähnliche Arbeitergesetzgebung eintrat, nachdem die deutsche

Tagespresse im Elsass die Frage vor das elsässische Publikum gebracht hatte.

Fürwahr ich muss bei meinem Ausspruche bleiben: die Annexion an Deutschland hat die Taktik der politisch leitenden Geistlichen im Oberelsass verändert. Während sie früher die protestantischen und freimaurerischen Fabrikanten bekämpften, verbindet sie heute mit der protestlerischen Mehrzahl derselben der gemeinsame Hass gegen die Deutschen. Freilich beliebt Herr Winterer hier scherzhaft zu werden. In den Schlussbetrachtungen meines Buches, in denen ich, nachdem die auf «Akten, zuverlässigen Veröffentlichungen, den Aussagen vertrauenswürdiger Gewährsmänner und eigener Anschauung» beruhende Darstellung vollendet worden, die Eindrücke wiedergebe, welche meine Studien in mir selbst zurückgelassen, spreche ich von einem seit der Annexion eingetretenen Compromisse zwischen Fabrikanten und Klerus, wonach sich Beide in die Herrschaft über den Arbeiter teilen. Entrüstet ruft nun Herr Winterer, ob ich denn die Beweise dieses Compromisses in den Archiven gefunden oder seinem Abschlusse beigewohnt habe?

Nein, Herr Winterer, keines von Beiden. Trotzdem weiss ein so kluger und gebildeter Mann wie Sie, dass es Verhältnisse gibt, in welchen gleiche Interessenten zu Compromissen kommen, auch ohne dass sie formell sie abschliessen, ja ohne dass sie darüber reden. Und den Beweis für solche Compromisse findet man in ihrem Handeln. Und würden Sie etwa leugnen, was ich sogar von frommkatholischen Laien gehört habe, dass es von den Katholiken als nötig erachtet werde, zusammen mit den Fabrikanten zu handeln, um den eigenen Einfluss heutzutage nicht aufs Spiel zu setzen? Sollten Sie allein nichts davon gehört haben, dass zur Zeit der Wahlen in's Mülhäuser Pfarrhaus Anfragen gelangen, ob die beabsichtigten Candidaturen auch genehm sind? Und wie kommt es denn, wenn sie nicht mit den protestlerischen Fabrikanten im Einklange handeln, dass sie nie einen Gegencandidaten aufstellen, obwohl die Katholiken im Wahlkreise Mülhausen die Mehrheit besitzen? Wenn sie es nicht gewollt hätten, würde Keiner der seit der Annexion gewählten Reichstagsabgeordneten gewählt worden sein.

Nicht also, weil ich die Bedeutung der Religion für die

Lösung der Arbeiterfrage verkenne, auch nicht einmal, weil ich den Einfluss der Kirche auf die Arbeiter zu Gunsten ihrer ausschliesslichen Beherrschung durch den Staat beseitigen will, — ich will dies ebensowenig wie ich etwa die Arbeitgeber ihres Einflusses auf die Arbeiter, soweit sich derselbe innerhalb legitimer Grenzen hält, beraubt sehen möchte, — sondern weil ich erkannt habe, dass die Abhängigkeit, in welche Klerus und Fabrikanten im Elsass die Arbeiter gebracht haben, gegen die Interessen des deutschen Volkes, dem auch ich mich, nicht obgleich sondern weil Oesterreicher angehörig fühle, missbraucht werde, daher erklärt sich die Lauheit meiner Bewunderung für die sociale Thätigkeit des einflussreichsten oberelsässichen Geistlichen.

Umgekehrt natürlich ist die Stellung der Herren Mossmann und Winterer.

Wird bei mir der Zorn über die vollendete Abhängigkeit, in welche die oberelsässische Arbeiterbevölkerung gebracht ist, verstärkt durch die Beobachtung, dass dieses Abhängigkeitsverhältnis zu Ungunsten der deutschen Herrschaft ausgebeutet wird, so wird ihr Widerwillen gegen meine Kritik noch dadurch erhöht, dass sie dieselbe als Ausfluss der in Deutschland herrschenden socialpolitischen Anschauungen auffassen. Daher denn bei beiden wiederholt die Ausfälle gegen jene Theorien, die sich auf den Antagonismus der Lohnarbeiter und der Unternehmer gründen und gegen meinen angeblichen Staatssocialismus.

Ich muss mich gegenüber jedem dieser beiden Vorwürfe erklären.

Die Schule, der ich angehöre, geht allerdings von der Auffassung aus, dass die einseitige Betonung der Solidarität der wirtschaftlichen und sittlichen Interessen von Arbeiter und Arbeitgeber ebenso eine Lüge ist, wie die einseitige Betonung des Gegensatzes dieser Interessen. Da sie ferner der Anschauung huldigt, dass auf lügenhaften Grundanschauungen keine dauerhaften socialen Organisationen aufgebaut werden können, ist es ihr erstes Bestreben, statt diesen Gegensatz zu verdunkeln, das in ihm Berechtigte festzustellen. Indem sie an diese Verschiedenheit der Interessen anknüpft, sucht sie sozialen Organisationen den Weg zu ebnen, welche dem, was in den Sonderinteressen beider Parteien berechtigt ist, zur Geltung verhelfen. Und zwar thut sie dies zum Vorteil jener in letzter Linie allerdings bestehenden Solidarität der Arbeiter- und Arbeitgeberinteressen, welche in Gefahr ist, von den Arbeitern vergessen zu werden über der dumpfen Gährung, welche das fortwährende Verkennen des Berechtigten in dem Gegensatze dieser Interessen in den Gemütern der Arbeiter erzeugt.

Daher ist diese Schule nicht nur für eine wirksame Fabrikgesetzgebung, sondern — so schrecklich dies den oberelsässer Fabrikanten klingen mag — sie erkennt an, dass selbst Strikes mitunter ihre Berechtigung haben. Und damit die Herren Mossmann und Winterer dies nicht etwa gleichfalls für eine deutsche Idiosynkrasie halten: die deutsche Schule steht damit keineswegs unter den Nationen allein. Tritt doch — um von den modernen englischen Volkswirten ganz zu schweigen, — sogar ein so anerkannter Rufer im Streite gegen den deutschen Staatssocialismus wie der französische Akademiker Herr Paul Leroy-Beaulieu in seinem Essai sur la répartition des richesses S. 464 entschieden für die englische Fabrikgesetzgebung ein und führt auf S. 394 u. ff. unumwunden aus, wie die Strikes der Arbeiterklasse im Ganzen mehr Nutzen als Schaden gebracht haben, dass sie zur Verbesserung der Fabrikordnungen, der Abkürzung des Arbeitstages, zu einer rechtlichen Grundsätzen mehr entsprechenden Gestaltung der Zahlungsmodalitäten und zur Hebung des Ansehens der Arbeiter gegenüber ihren Arbeitgebern viel beigetragen haben.

Aber, wie ich gleich hinzufügen will, die deutsche Schule sieht in diesen Strikes keineswegs eine an sich ideale Einrichtung, die deshalb beibehalten zu werden verdiente. Sie sieht darin nur die notwendige Consequenz der heutigen und die Übergangsstufe zu einer künftigen, besseren Organisation des Verhältnisses von Arbeiter und Arbeitgeber. Und als eine solche bessere Organisation schweben ihr zweierlei Einrichtungen vor. Entweder es werden, wie in den englischen Schieds- und Einigungskammern, die Arbeitsbedingungen von den Vertretern beider Interessen gemeinsam festgesetzt, oder es übernimmt eine unparteiische Behörde diese Regelung etwa in der Art, wie sie im vorigen Jahrhundert vielfach bestand, und wie sie noch heute im historischen Museum zu Basel an einem Seidenbandstuhl angeschlagen zu finden ist.

Deshalb ist es auch eine vollendete Unwahrheit, wenn Herr Mossmann gegen mich den Vorwurf erhebt, ich stelle es als tadelnswert hin, wenn der Fabrikant in seinen Werkstätten auf gute Ausführung der Arbeit, auf Subordination und Disziplin halte und dem ungeschickten oder widerspänstigen Arbeiter den Stuhl vor die Thür setze. Ich bin selbstverständlich weit entfernt, Geldstrafen und Entlassungen unbrauchbarer Arbeiter als Tyrannei zu betrachten. Wogegen ich mich aber auflehne, ist, dass diese Strafen willkürlich festgesetzt und gehandhabt werden! Der Arbeitsvertrag ist nach unserer heutigen Rechtsordnung ein Vertrag zwischen zwei sich rechtlich gleichstehenden Freien. Zu den Bedingungen dieses Vertrages gehören auch die Bestimmungen über die Strafen. Als solche hat der Arbeitgeber ebensowenig Recht, sie einseitig und willkürlich festzusetzen wie Lohn oder Arbeitszeit. Und so lange diese Festsetzung thatsächlich von Seiten des Arbeitgebers erfolgt, werden Klagen der Arbeiter über Tyrannei nicht verstummen.

Wie mit der Festsetzung so verhält es sich auch hier mit der Handhabung. Wie ich dargelegt habe, klagen die oberelsässer Arbeiter vielfach, dass sie in Strafe genommen werden, ohne irgend zu wissen, warum. Ich kann nicht leugnen, dass ich aus beiden Parteien zusammengesetzte Schieds- und Einigungskammern oder pflichtbewusste Fabrikinspectoren für unparteilichere Instanzen halte als Werkmeister oder Betriebsdirectoren! Aber freilich, zu den charakteristischen Merkmalen der oberelsässischen Sozialpolitik gehört es, dass sie nichts mehr als die thatsächliche Anerkennung der doch unserer ganzen heutigen Gesetzgebung zu Grunde liegenden Gleichberechtigung der Arbeiter mit den Arbeitgebern perhorresziert. Hörte ich doch aus dem eigenen Munde eines oberelsässischen Fabrikherrn, eines sonst warmen Freundes des deutschen Krankenkassengesetzes, als einzige Ausstellungen solche, welche sich gegen dessen § 38 richteten, weil in diesem die Gleichberechtigung der Arbeiter voll anerkannt ist. Der Arbeiter gilt eben im Elsass trotz aller Schwärmerei für die «grossen Prinzipien von 1789» nicht als gleichberechtigter Contrahent, sondern der Arbeitgeber ist der «Herr», die Arbeiter sind «Unterthanen», wie es in der Eingangs erwähnten an mich gerichteten Walbacher Adresse heisst. Und mit Eifersucht wachen die «Herren», dem Arbeitsvertrage diesen Charakter eines thatsächlichen Unterthänigkeits- und Hörigkeitsverhältnisses zu wahren.

Wie aber verhält es sich mit meinem angeblichen Staatssocialismus, dem Vorwurfe, welchen nicht nur Herr Mossmann sondern ganz besonders Herr Winterer fast als meine allerärgste Sünde mir vorhalten?

Ein Nicht-Elsässer, der mein Buch gelesen hat, dürfte wohl auf diesen Gedanken am wenigsten gekommen sein, und da meine Gegner keine Belege für ihre Vorwürfe vorbringen, ist es auch schwer in meinem Buche Erklärungsgründe für diesen Vorwurf zu finden.

Desto leichter lässt er sich aber aus den Persönlichkeiten der Herren Winterer und Mossmann begreifen.

Schon Herr Engel-Dollfuss, der Gönner des Herrn Mossmann, hat die durch die kaiserlichen Botschaften angekündigte socialpolitische Action des deutschen Reiches mit Entsetzen kommen sehen; und zwar erklärt sich dies sowohl aus seiner Eifersucht, keinen anderen Einfluss auf den Arbeiter als den des Fabrikanten zuzulassen, als auch aus seinem Hasse gegen das deutsche Reich, von dem seine von Herrn Mossmann geschriebene Biographie die reichsten Belege beibringt. Was natürlicher, als dass der gleichgesinnte Herr Mossmann in meinem energischen Verlangen nach Einführung und Durchführung der deutschen Arbeiterschutzgesetzgebung den verhassten Staatssozialismus erblickt.

Noch verständlicher ist der Vorwurf bei Herrn Winterer. Ihm ist der Staatssocialismus nicht bloss die Socialpolitik, vermöge deren das verhasste deutsche Reich neben Arbeitgeber und Klerus Einfluss auf die Arbeiter zu erlangen hofft, ihm gilt derselbe auch als die Theorie der fast noch mehr gehassten deutschen Professoren, zumal jener der Universität Strassburg. Sind aber die deutschen Professoren Staatssozialisten, so sind es auch ihre Schüler, und sind es diese, so müssen auch ihre Bücher staatssozialistisch sein.

Daher hat er denn auch noch mehr als gegen mich gegen meinen hochverehrten Lehrer, Herrn Professor Brentano, die giftigsten Angriffe wegen eines angeblichen Staatssozialismus gerichtet, Angriffe, die um so erheiternder sind, als Prof. Brentano in Altdeutschland als Nichtstaatssozialist mannigfach befehdet wird.

Nachdem nun Herr Prof. Brentano im Juliheft der Revue catholique dem Herrn Abbé gezeigt hat, dass nur, wer von seinen Schriften gar keine Ahnung besitzt, in der genannten Weise über seine angeblichen Theorien zu reden vermag, hat Herr Winterer sich in eigentümlichster Weise auf den Rückzug begeben. Herrn Prof. Brentano will er gar nicht als Staatssozialisten bezeichnet haben. Aber ich sei ein Staatssozialist. Indem aber Herr Prof. Brentano die Bezeichnung eines Staatssozialisten von sich ablehne, habe er die Berechtigung der von Herrn Winterer gegen mich gerichteten Angriffe anerkannt.

Aber gemach, Herr Abbé, gemach! Herr Prof. Brentano ermächtigt mich ausdrücklich, in seinem Namen auch jeden Schein, als ob er irgend einem der Vorwürfe des Herrn Winterer gegen mich zustimme, zurückzuweisen. Denn, wenn ich auch dankbar bin, dass der Herr Abbé mich einfältiges Studentlein nunmehr zu einer grösseren Selbstständigkeit vorrücken lässt als zuerst, wo er mich als Schüler meines Lehrers einzuschlachten versuchte, so gibt es doch nichts in seinem Buche, was ihn zu schreiben berechtigte: «M. Herkner, qui ne croit qu'à l'Etat et à ses assurances obligatoires»!

Fürwahr, nur der oberflächlichste und voreingenommenste Leser meines Buches konnte so etwas von mir behaupten. Schreibe ich doch auf S. 223; «Die vollkommenste Art (der Krankenversicherung), leider durch Eingriffe des Staates wie der Arbeitgeber in ihrer Ausbreitung verkümmert, ist die durch von Arbeitern selbst begründete und verwaltete Krankenkassen; sie lassen die Unabhängigkeit des Arbeiters vollkommen unangetastet». Und was meinen Staatssozialismus angeht, so schreibt ein gewiss sehr unverdächtiger Zeuge, der Rezensent meines Buches in der Zeitschrift «Oesterreichs Woll- und Leinenindustrie» VII. Jahrg. No. 13: «Aus mehr als einer Stelle des Buches geht hervor, dass Herkner sich einer fast individualistisch zu nennenden Richtung zuneigt, dass er die Staatseinmischung nur ungern dort zulässt, wo Selbsthandeln des Arbeiters irgend erfolgreich wäre.»

Indess kann ich dieses Urteil, soweit es eine individualistische Richtung mir zuzuschreiben die Absicht hat, gleichfalls als zutreffend nicht anerkennen. Ich kann nicht leugnen, dass ich eine Lösung der Arbeiterfrage aus der Selbständigkeit der Arbeiter und der freien Mithilfe der höher stehenden Klassen heraus, wie sie in England in der Entwickelung begriffen zu sein scheint, für ein Ideal halte, dessen Erreichung ich allen Ländern wünschen würde. Allein ich bin kein Doctrinär. Die Schule, durch die ich ging, hat mich gelehrt, dass subjektive Wünsche nur einen geringen Einfluss auf den Gang der Entwicklung besitzen, dass die gesammten historischen Verhältnisse eines Volkes, ebenso wie sie die Art und Weise der Lösung einer jeden politischen und wirtschaftlichen Frage bei ihm bedingen, so auch für die soziale Frage massgebend sein müssen. Als Realpolitiker erkenne ich also die Notwendigkeit einer weitgehenden sozialen Thätigkeit des Staates für die mitteleuropäischen Länder vollständig an. Und wenn eine Lösung der sozialen Frage auf der Basis der Freiheit auch meinen persönlichen Wünschen besser entsprechen würde, so begrüsse ich doch auch mit Freuden weit mehr einen wirksamen Einfluss der über den Parteien stehenden Staatsgewalt auf die Arbeiter, als eine Herrschaft von Arbeitgebern und Klerus, welche die Abhängigkeit der Arbeiter gegen die Interessen des deutschen Volkes verwerten.

VI.

DIE «STAATSWISSENSCHAFTLICHE VERNUNFT» MEINES BUCHES.

Wie vorauszusehen war, haben es meine Gegner auch nicht daran fehlen lassen, mich der sozialdemokratischen Gesinnung zu verdächtigen. Indessen muss ich hier Herrn Mossmann die Gerechtigkeit widerfahren lassen: alle seine derartigen Andeutungen werden durch die Anschuldigungen des streitbaren Pfarrers von Mülhausen völlig verdunkelt. Der Redakteur des Züricher «Sozialdemokraten», so schreibt dieser, hätte an vielen Punkten nicht anders schreiben können, wie ich. Wie schade, dass Herr Winterer diese Punkte nicht näher bezeichnet hat! So bleibt mir nichts anderes als die Frage übrig, wo denn das Sozialdemokratische meines Buches stecken soll. Etwa in den Tendenzen und Schlussfolgerungen? In Bezug auf diese bin ich in der Lage, mich auf das Zeugnis eines Sachverständigen von unläugbarer Autorität berufen zu können. Die «Norddeutsche Allgemeine Zeitung» bezeugt mir ausdrücklich, dass meine ganze Darstellung «fern von sozialdemokratischen Tendenzen» sei. Das Sozialdemokratische meines Buches kann also nur noch in den berichteten Thatsachen liegen. Und in der That hätte auch der Redakteur des Züricher «Sozialdemokraten» da sie mit Ausnahme einer einzigen oder höchstens noch einer zweiten bis jetzt unwiderlegt geblieben sind, wahrheitsgetreu nicht anders darüber berichten können. Hätte ich diese Thatsachen aber etwa nicht wahrheitsgetreu wiedergeben sollen? Oder bin ich es, der sie auf dem Gewissen hat? Wenn sie «sozialdemokratisch» sind, dann richte Herr Winterer seine Vorwürfe doch gegen diejenigen, die sie verschuldet haben!

Mit dieser Aufforderung muss ich mich aber für einen Augenblick von meinen beiden elsässischen Gegnern verabschieden, um auf die anderen Beschuldigungen zu antworten, welche statt jener die Norddeutsche Allgemeine Zeitung gegen mich erhebt. Ich sehe mich umsomehr hierzu genötigt, als hier die «Norddeutsche» auch das Seminar, dem ich alles verdanke, in ihre Beschuldigung mit einbezogen hat, und ich wirklich alle Charakterverdächtigungen, die Herr Mossmann mir zugeschleudert hat, rechtfertigen würde, wollte ich hier schweigen. Stellt die «Norddeutsche» mir auch das Zeugnis aus, meine «ganze Darstellung sei unzweifelhaft in bester Absicht geschrieben, um die Aufmerksamkeit auf noch vorhandene Misstände zu lenken, und fern von sozialdemokratischen Tendenzen», so bestreitet sie mir doch gänzlich den historischen und staatswissenschaftlichen Sinn der auf Vermittelung und nicht auf Schärfung der sozialen Gegensätze sich richten solle. Wo liege die staatswissenschaftliche Vernunft, zu den sozialdemokratischen Angriffen auf die Arbeitgeber auch noch solche zu richten, die in einem «staatswissenschaftlichen Seminare» vorbereitet werden?

Wenn irgend eine Stelle des Artikels darauf hindeutet, dass derselbe von einer jener Personen geschrieben ist, welche direkt oder indirekt es verschuldet haben, dass die oberelsässischen Arbeiter während der 16 Jahre deutscher Regierung im Elsasse vollständig ihren deutschfeindlichen Arbeitgebern überantwortet geblieben sind, so ist es diese. Denn hier soll offenbar die Aufmerksamkeit des Lesers von dem Hauptpunkte meiner Angriffe abgelenkt werden, indem als Ziel derselben nicht die französischen

Arbeitgeber im Oberelsass, sondern die Arbeitgeber überhaupt hingestellt werden. Sollte ich mich jedoch in dieser Annahme irren, sollte der Artikel wirklich aus anderer Feder stammen, so zeigt derselbe, dass derjenige, der diese Feder geführt hat, weder von der Arbeiterfrage noch vom Elsass das Geringste versteht.

Nichts von der Arbeiterfrage: — denn bei dieser handelt es sich um eine grosse welthistorische Entwicklung, welche in unserem Jahrhundert zur Krisis gelangt. Gebieterisch stellt sie an die Staatsmänner die Forderung, alles, was in der heutigen Gesellschaft, weil veralteten Verhältnissen und Bedürfnissen angepasst, lückenhaft ist, bei Strafe der gewaltsamen Zerstörung zu entfernen, und statt dessen der durch die neuen Wirtschaftsverhältnisse geschaffenen völlig neuen Gesellschaftsklasse der gewerblichen Arbeiter, ihren Bedürfnissen und dem Berechtigten in ihren Ideen entsprechende neue Formen zu finden. Und da glaubt der Schreiber der «Norddeutschen,» dass eine solche mit der unerbittlichen Logik der Geschichte allen Lug und Trug hinwegfegende Bewegung sich aufhalten oder ablenken lasse durch Einrichtungen wie die in Mülhausen, deren innerster Kern die Lüge und das Streben ist, die Hauptpunkte, um die es sich bei der Arbeiterfrage handelt, zu escamotiren!

Der Betreffende kennt aber auch nicht die Zustände im Oberelsass, zumal in Mülhausen. Obwohl ich zur Charakterisirung derselben bereits Ausreichendes in meinem Buche beigebracht habe, sei es mir gestattet, doch noch einmal hierauf zurückzukommen.

Wer als beobachtender Fremde nach Mülhausen kommt lediglich mit der Absicht, die dortigen Verhältnisse zu studiren, wird alsbald auf Schritt und Tritt einer charakteristischen Thatsache begegnen: dem ostensibel französischen Gepräge alles dessen, was mit den eingeborenen Angehörigen der höheren Klassen, d. h. den Fabrikanten zusammenhängt, dem ganz deutschen Charakter ihrer Arbeiter und dem vollkommenen Danebenstehen der deutschen Verwaltung sowohl neben den höheren als auch neben den unteren Klassen Mülhausens.

Aber sobald er sich etwas mit der Geschichte Mülhausens, seit es wieder deutsch wurde, beschäftigt, wird er sich über diese geringe Bedeutung, des deutschen Einflusses nicht mehr verwundern.

Die Fabrikantenwelt Mülhausens zeigte alsbald nach der Annexion jenen überlegenen politischen Instinkt, den ich in den Schlussbetrachtungen meines Buches gekennzeichnet habe. Statt durch politische Albernheiten ähnlich den Strassburgern es der deutschen Verwaltung unmöglich zu machen, ihnen die Gemeindeverwaltung zu lassen, hüteten sie sich durch Demonstrationen, die ihnen nur schaden, Mülhausen aber unmöglich an Frankreich zurückbringen konnten, ihre Interessen auf's Spiel zu setzen, und vor allem suchten sie die Gemeindeverwaltung in ihrer Hand zu behalten. Es gelang ihnen so vollkommen, sich auch eine formell autoritative Stellung zu sichern. Und indem sie durch ihr äusserlich korrektes Verhalten eine Fülle von Rücksichtnahmen seitens der deutschen Verwaltung erzielten, wurde es ihnen möglich, gar Manches, was ihren antideutschen Wünschen oder ihren Interessen entgegen gewesen wäre, abzuwenden oder zu mildern. Dabei muss man Eines ihnen nachrühmen. Ich habe in meinem Buche gezeigt, wie die Mülhäuser Bürgermeister zur französischen Zeit von oben herab mit den Präfekten und Unterpräfekten verhandelten: durch keine Handlung gegenüber der deutschen Verwaltung haben die heutigen Mülhäuser Herren den stolzen Geist dieser ihrer früheren Haltung verleugnet.

Während man so offiziell wenigstens nichts politisch Thörichtes unternahm, suchte man aber durch alle möglichen privaten Veranstaltungen um so kräftiger im französischen Sinne zu wirken. Vor Allem diente dazu der Mülhäuser Gewerbeverein, die famose «Société industrielle». Dieser mit den zahlreichen Anstalten, die er gegründet hat, und welche von ihm abhängen, wurde der Mittelpunkt, um den man sich schaarte, nicht nur um die wirtschaftlichen Interessen zu wahren, sondern auch um im Sinne der politischen Herzenswünsche in einer gesetzlich völlig unantastbaren Weise zu wirken.

Und die Deutschen? Herr Mossmann schildert in seiner Biographie von Engel-Dollfuss wie dieselben nur von ehrfurchtsvollem Staunen gegenüber diesen industriellen Magnaten ergriffen waren. «Instinktiv», so «drückt er sich aus, «begriffen sie, dass man es da mit einer Überlegenheit zu thun hatte, mit einer Macht, mit der man rechnen musste.» Und liest man bei ihm weiter, so fühlt man, wie sie dem gelehrten Archivar vorkamen, etwa wie fränkische Eroberer des römischen Galliens, von denen die Schriftsteller der Merowingerzeit erzählen, dass sie mit ehrfurchtsvoller Scheu zu der damals doch wirklich überlegenen Kultur der Römer emporblickten. Aber gälte wenigstens in Allem die Analogie! Denn bei aller staunenden Ehrfurcht waren jene Barbaren wenigstens so herrschverständig, dass sie dabei nicht ihre Interessen vergassen: der Franke, selbst der arme Franke, galt ihnen immer mehr als der vornehmste Römer. Von den deutschen Eroberern des Elsasses dagegen ist zu sagen, dass sie bisher mit jener «Macht» der Mülhäuser Herren wirklich nur in der Weise rechneten, dass sie voll Ehrfurcht vor ihrer «Überlegenheit» diesen Französlingen ihre deutsche Arbeiterbevölkerung zu ungestörter Beeinflussung überliessen.

Denn was hat man gethan, um auch den unteren Klassen zum Bewusstsein zu bringen, dass sie wieder deutsch geworden seien und in ihnen eine Freude darob zu erwecken? Etwa, dass man neben den französischen Strassennamen auch deutsche anbringen liess? Oder reichten dazu die unstreitigen Verdienste aus, die man sich um die Hebung des Schulunterrichtes erworben hat? Aber was konnte das bischen Schulunterricht bis zum 12. Jahre nutzen, da das daraus entlassene Kind alsdann die schon erwähnte «zweckmässige» Aufnahme in die Fabrik fand, und nichts geschah, was verhindert hätte, dass alle Einflüsse, denen es von da ab bis zur Rekrutirung ausgesetzt war, durchweg französische waren!

Von den Mülhäuser «Herren» ging nämlich, wie schon bemerkt, seit der Annexion eine gesteigerte Thätigkeit aus, um den einmal der Schule entwachsenen Arbeitern das Wenige, was ihnen von Kultureinflüssen überhaupt noch zukam, nur in französischem Gepräge zu bieten. So wurde z. B. ein an sich vortreffliches Institut, ein Museum, gegründet mit verschiedenen Abteilungen, einer historischen, einer für die bildende Kunst u. s. w. Der Besucher der ersteren wird von einem äusserst liebenswürdigen Aufseher herumgeführt, der ihn unter Seufzern auf Alles hinweist, was mit der französischen Vergangenheit zusammenhängt. In der Bildergallerie fällt es auf, dass man darin auch nicht ein einziges Bild eines deutschen Meisters erblickt, überhaupt nichts, was daran erinnert, dass man in einer deutschen Stadt sich befindet; dagegen findet man freilich darin die Stiftung des Herrn Lalance, das lebensgrosse Brustbild Gambetta's. — Wie kommt es nun, dass jedwede Spur fehlt, dass es auch in Deutschland sehr grosse Künstler giebt? Die meisten dieser Bilder werden auf den periodischen Kunstausstellungen Mülhausens gekauft. Der deutsche Beamte aber, dem das für diese Ausstellungen massgebende Statut vorgelegt wurde, hat mit diesem auch den Paragraphen bestätigt, der alle jene Künstler, die nicht bereits einmal in dem Pariser «Salon» ausgestellt hatten, von der Ausstellung ausschloss. Er ahnte natürlich nicht, dass dadurch, abgesehen von sehr wenigen Ausnahmen, auch alle deutschen Künstler von Mülhausen ferngehalten waren! Die Deutschen konnten nicht eifriger, als es damit geschehen, jener Aufforderung nachkommen, welche Herr Engel-Dollfuss alsbald nach der Annexion an die Mülhäuser richtete: «Avant tout, messieurs, defendons nous energiquement contre l'invasion du goût tudesque! que sur ce terrain au moins les conquerants restent ce qu'ils sont: les vaincus!»

Und ähnlich, wie man so den französischen Kultureinflüssen ungestörte weitere Entfaltung gestattete, unterliess man es, der deutschen Arbeiterbevölkerung diejenigen Segnungen zukommen zu lassen, welche die deutsche Herrschaft normaler Weise ihnen sofort hätte bringen müssen. Man that nichts, um die Arbeiter auch nur ahnen zu lassen, dass ihnen in der deutschen Gesetzgebung und Verwaltung ein Hort ihrer Rechte und Interessen gegenüber ihren «Herren» geworden sei. Ja, auf sozialem Gebiete war das ehrfurchtsvolle Staunen der deutschen Beamten gegenüber diesen vielleicht noch grösser. Die französischen Präfekten und Unterpräfekten hatten, wie die in meinem Buche zitirten Berichte zeigen, wenigstens die wirklichen Verhältnisse erkannt, welche unter dem glitzernden Scheine der berühmten Mülhäuser Einrichtungen verborgen waren. Die deutsche Verwaltung dagegen war so voll von ungetrübter Bewunderung für dieselben, dass sie aus ehrfurchtsvoller Schonung für die Mülhäuser «Herren» den Arbeitern die ihnen günstigen Bestimmungen der deutschen Gewerbeordnung vorenthielt; wenn eine Kontrole stattfinden sollte, ob wenigstens die alte französische Fabrikgesetzgebung befolgt werde, pflegte man früher — jetzt ist es nicht mehr der Fall — voll Rücksicht seinen Besuch vorher anzukünden und, wenn er bei solch' merkwürdiger Art von Überraschung alsdann keine Gesetzesübertretungen fand, wurde man in seiner Ehrfurcht nur noch bestärkt. Der Gewerbeinspector meiner Heimat (Reichenberg i. B.) dagegen pflegt die Nächte zu durchreisen, um am Morgen unvermutet an einem Punkte aufzutauchen, der dem Tags zuvor inspizirten möglichst entfernt ist. Und während andere Verwaltungen, wie z. B. die österreichische, dem Gewerbeinspector strengstens verbieten, im Hause des Fabrikanten irgend etwas anzunehmen, betrachtete man es im Elsass als einen Erfolg, wenn der Fabrikant den deutschen Beamten zu Tische lud.

So kann es denn nicht Wunder nehmen, wenn die oberelsässische Arbeiterbevölkerung, obwohl sie deutscher Abstammung ist, obwohl sie noch heute nur deutsch spricht und in ihrer ganzen Empfindungsweise deutsch ist, doch nach der französischen Republik hinsieht, ja in einer neuen Vereinigung mit derselben das Heil erblickt. Hat man den Arbeitern von deutscher Seite doch weder eine soziale Fürsorge, auf die sie Wert legen, zu Teil werden lassen, noch den französischen Kultureinflüssen ernsthafter Weise deutsche entgegengestellt. Naturgemäss, dass auch der Arbeiter von dem Dogma der unendlichen Kulturüberlegenheit der Franzosen durchdrungen ist, dass er im deutschen Reiche nur einen Staat sieht, der ihm die Soldatenjacke und das Sozialistengesetz gebracht hat, und dass auch er seine Stammesgenossen als Barbaren betrachtet, deren «nationales Gewerbe der Krieg» sei.

Als die deutsche Verwaltung nach Mülhausen kam, fand sie zwischen den französisirten Arbeitgebern und ihrer deutsch gebliebenen Arbeiterbevölkerung einen zweifachen Gegensatz vor: einen nationalen und einen sozialen. Während man nun den zur «Internationalen» gehörigen Sozialdemokraten zum Vorwurfe macht, dass sie über den sozialen Gegensätzen zur Klasse der Arbeitgeber die nationalen Unterschiede vergässen, ist die deutsche Verwaltung ganz in denselben Fehler verfallen. Sie hat, indem sie die Vertuschungsversuche des sozialen Gegensatzes, deren die Arbeitgeber sich befleissigen, nach Kräften unterstützt, auch dazu beigetragen, den zwischen Arbeitern und Unternehmern bestehenden nationalen Widerstreit zu verwischen und statt dessen einen nationalen Gegensatz zwischen den Arbeitern und sich selbst aufkommen zu lassen.

Daher finden wir denn jetzt, seitdem ein strengeres Regiment eingetreten ist, jene massenhaften Verurteilungen von Angehörigen der unteren Klassen, weil sie «Vive la France» rufen, die französische Tricolore aushängen oder etwas dgl. begehen, Verurteilungen, die, statt einen Umschwung herbeizuführen, bisher nur zum Spotte und zu weiteren Übertretungen gereizt haben.

Gerade meine «historischen» Studien haben mir aber gezeigt, dass statt solcher Abwechslung von Nachsicht und Verfolgung sehr viel mehr «staatsmännische Vernunft» darin gelegen hätte, wenn gleich vom Anfange, an die vorhandenen sozialen Gegensätze anknüpfend, das Berechtigte in den Sonderinteressen der Arbeiter mit Nachdruck zur Geltung gebracht worden wäre. So hätte man nicht bloss die deutsche Arbeiterschaft einer nationalen Gesinnung gewonnen, sondern auch die deutschfeindlichen unter den Fabrikanten an die Wand gedrückt. Auch weiss ich aus meinen «historischen» Studien, dass eine solche Politik keineswegs der preussischen Tradition widerspricht. Ist es doch ihr zu verdanken, dass seiner Zeit in der Provinz Posen die Ablösung der bäuerlichen Dienste und Lasten in einer für die Bauern weit günstigeren Weise durchgeführt wurde als in anderen Provinzen. Um so auffallender bleibt der Artikel in der Nordd. Allg. Zeitung in dem Augenblicke, wo man eine von ähnlichen politischen Gesichtspunkten getragene Sozialpolitik in Posen wieder aufgenommen hat. Wo bleibt da die «staatsmännische Vernunft» ihres Angriffes auf das Seminar, aus dem die erste Schrift hervorgegangen ist, welche den Gedankengang eben derselben Sozialpolitik mit Rücksicht auf die deutsche Arbeiterbevölkerung des Elsasses vertritt?

VII.

DIE «STAATSWISSENSCHAFTLICHE VERNUNFT» DER MÜLHÄUSER.

Ich kehre zu den Herren Mossmann und Winterer zurück, um mich von ihnen zu verabschieden. Bevor ich ihnen Lebewohl sage, bleibt mir indes noch ein Punkt zu erledigen.

Ich muss noch von der Veränderung in der Taktik der Ober-Elsässer, welche mein Buch und zwar bei meinen beiden Gegnern, ja auf der ganzen elsässischen Linie hervorgerufen hat, sprechen. Auch muss ich, wie ich schon oben versprochen habe, von dem praktischen Erfolg reden, den, allerdings nicht Herr Winterer, aber Herr Mossmann und diejenigen, die hinter ihm stehen, heute zu erreichen bemüht sind.

Wer das frühere Auftreten der Ober-Elsässer sowohl in den von Mülhausen ausgehenden Schriften über die dortigen Arbeiterverhältnisse als auch im Reichstage mit den Schriften des Herrn Mossmann und Winterer und zahlreichen seit meinem Buche in verschiedenen elsässischen Blättern erschienenen Artikeln vergleicht, wird als ganz besonders hervortretend e i n e n Umschwung bemerken.

Als im Jahre 1878 zum ersten Male über den Erlass des Sozialistengesetzes im deutschen Reichstage beraten wurde, erhob sich Johann Dollfuss, um das stolze Wort zu sprechen: «Bei uns giebt es keine Sozialdemokratie. Die Humanität der oberelsässer Arbeitgeber hat die Arbeiter zufriedengestellt. Die wirksamste Bekämpfung der Sozialdemokratie liegt in der Nachahmung der Mülhäuser Institutionen! Und so verbreitet war der Glaube an diese Institutionen, dass selbst dem hartgesottenen Protestler der lebhafteste Beifall im Reichstag zu Teil wurde. Als ferner in demselben Jahre der bekannte Grossindustrielle Stumm aus Neunkirchen im Reichstage den Antrag stellte, den Titel VII der deutschen Gewerbeordnung, welcher die Arbeiterschutzbestimmungen enthält, im Elsass einzuführen, verstand Herr Karl Grad die Annahme dieses Antrages zu hintertreiben, indem er die Lage der oberelsässer Arbeiter, wie sie die Folge der freiwilligen Wohlfahrtseinrichtungen der Fabrikanten sei, in den rosigsten Farben malte. Es seien «die wesentlichen Vorschriften in den Fabriken schon längst bei ihnen eingeführt worden, bevor sie in die Gesetzgebung übergiengen.»

D i e O b e r - E l s ä s s e r e r k l ä r t e n a l s o b i s h e r d i e e l s ä s s i s c h e n A r b e i t e r v e r h ä l t n i s s e f ü r w e i t g ü n s t i g e r a l s d i e d e u t s c h e n. S i e e r k l ä r t e n f e r n e r a u s e b e n d i e s e m G r u n d e d i e f ü r d i e d e u t s c h e n A r b e i t e r e r l a s s e n e n S c h u t z b e s t i m m u n g e n a l s f ü r s i e ü b e r f l ü s s i g.

Ich habe wie den Wert der Mülhäuser Wohlfahrtseinrichtungen so den der angeführten Aussprüche der Herren Dollfuss und

Grad in meinem Buche eingehend dargelegt und auf Grund meiner Kritik die Einführung des Titels VII der deutschen Gewerbeordnung im Elsass dringend verlangt.

Was hat dies für Wirkung geübt?

Zunächst bei Herrn Winterer. — Bereits in meinem Buche hatte ich des allerdings leisen Widerspruchs zu gedenken, den schon damals Herr Winterer gegen das Selbstlob des Herrn Dollfuss erhob. Gegenüber meiner Kritik dieser Mülhäuser Philanthropie, «bei der man die Rechnung sucht und findet», bemerkt er nun: er wisse nicht, ob geradezu eine Legende von der Mülhäuser Humanität bestanden habe; bisher sei er überhaupt der Ansicht gewesen, dass die Mülhäuser Industrie, wie jede andere Industrie und wie jedwede menschliche Einrichtung ihre schwache Seite habe, sogar ihre sehr schwache Seite. Allerdings sei wahr, dass man mitunter die Mülhäuser und Oberelsässer Industrie über alles Mass in den Himmel gehoben habe. Er bedaure diese übertriebenen Panegyriken. So werden also jetzt von Winterer weit energischer als früher die bisherigen Hymnen auf Mülhausen dementirt. Nur sucht der in seinem elsässischen Patriotismus gedrückte doch seinen also auch von ihm getadelten Landsleuten beizuspringen, indem er alsbald nach jenem Dementi fortfährt: Indess zögere er auch nicht, meine Kritik als übertrieben zu verurteilen. Sucht man aber nach seinen Belegen für diese Behauptung meiner Übertreibungen, so findet man, dass Herr Winterer, wie oben gezeigt wurde, alles Wesentliche bestätigt und nur immer und immer das Eine wiederholt, anderwärts sei es auch nicht besser, anderwärts sei es geradeso. *Es wird also jetzt zugestanden, dass die elsässischen Arbeiterverhältnisse geradeso schlecht wie die altdeutschen sind!*

Ganz ebenso, und dies verdient noch mehr hervorgehoben zu werden, verhält sich Herr Mossmann. Auch er hat, wie gezeigt, keine einzige meiner Angaben widerlegt. Auch er sieht sich aus der Stellung des die Überlegenheit des Elsasses Behauptenden in die eines Entschuldigenden gedrängt. Die dunkeln Seiten der Mülhäuser Industrie, die ich hervorhob, so sagt er, träfen alle industriellen Gegenden ohne Unterschied. Das aber sage ich nicht genug, und ein Leser, *der davon nichts wisse*, würde aus meinem Buche den Schluss ziehen, dass die sehr dunkeln Farben meines Gemäldes nur auf Mülhausen sich beziehen. Ja ich entwickele, dass die dortigen Zustände schlimmer als anderswo und dass die Arbeitgeber dafür verantwortlich seien.

O stolzer Oberelsässer, wie ist es gekommen, dass Du die schlechten Arbeiterverhältnisse in anderen Gegenden, über welche alle Du Dich bisher so verachtend gestellt hast, als Beschönigung für die Deinen anführen musst!

Was nun die in dieser Entschuldigung enthaltenen Vorwürfe gegen mich angeht, so würde ich auf alle darin enthaltenen Unwahrheiten und Thorheiten gar nicht eingehen, müsste ich nicht, wenn ich schwiege, die Behauptung fürchten, ich hätte darauf nichts zu erwidern gehabt.

Denn wer weiss denn heute nicht, dass die Industrientwicklung aller Länder mit grosser Industrie von denselben Erscheinungen begleitet war? Hat Herr Mossmann noch nie davon gehört, dass die soziale Frage, von der alle Zeitungen voll sind, nichts ist, was irgend einem modernen Land eigenthümlich wäre? Oder für wen glaubt er, dass ich geschrieben habe, wenn er von dem Leser redet, «der davon nichts weiss»? Wer hat dagegen bisher stets mit einem geradezu widerlichen Pharisäismus behauptet, nur im Elsass sei die Entwicklung nicht dieselbe gewesen?! Und berufe ich mich gegenüber dieser Heuchelei nicht wiederholt auf die Analogie der Mülhäuser Zustände mit denen anderer Industriegegenden? Habe ich nicht wiederholt die Arbeiten Anderer über die Arbeiterverhältnisse z. B. in England und Sachsen, ja sogar in meinem heimatlichen Böhmen nutzbar gemacht, um die Zustände Mülhausens besser zu beleuchten?

Es ist aber nicht nur richtig, dass, wie ich auf S. 366 meines Buches sage, «die Lage der Arbeiter im Oberelsass heute mindestens ebenso schlecht», sondern auch, dass sie «in sehr vielen Beziehungen sogar unzweifelhaft schlechter ist als die der analogen Arbeiterkategorien Altdeutschlands». Das erstere wird ja jetzt nicht mehr bestritten. Das letztere sei aber nicht nur gegenüber Herrn Mossman und Winterer, sondern auch gegenüber den manchesterlichen Ausführungen des Herrn Weigert in der «Nation» hiermit aufs Neue ausgesprochen.

Übrigens muss ich hier vorausschicken, dass ich hierbei

an einen Vergleich mit Rücksicht auf die Löhne weder gedacht habe noch jetzt denke. Freilich kann auch in dieser Beziehung, wie ich Herrn Weigert bemerke, nichts durch zweifelhafte statistische Angaben von Durchschnittslöhnen bewiesen werden, zumal dann nicht, wenn wie bei ihm die sehr hohen Preise der Lebensmittel im Oberelsass gar nicht mit berücksichtigt werden. Die Arbeiter, welche in Walbach alle 14 Tage 15 Mark Lohn erhalten, werden sich dadurch nicht mehr gesättigt und besser gekleidet fühlen, dass Herr Weigert ihnen vorführt, der Durchschnittslohn betrage für die Textil-Berufsgenossenschaft von Elsass-Lothringen 600 Mark im Jahre. Habe ich doch schon oben das Zugeständnis des Herrn Winterer angeführt: «es ist unstreitig wahr, dass der durchschnittliche Arbeitslohn in einem Teile der Mülhäuser und Oberelsässer Baumwollindustrie nicht oder nur ungenügend hinreicht, um eine Familie von 5 Personen anständig zu ernähren, und dass es dazu noch der Arbeit der Frau oder der Kinder bedarf!» Schreibt doch der oberelsässische Grossindustrielle der Strassburger Post vom 3. Mai, der angebliche Herr Lalance, nachdem er den Geldbetrag der Löhne angegeben hat: «Mit einer grossen Familie, bei nur einem Verdienst im Hause, ist davon allerdings schwer zu leben,» und auch er verweist auf die Ergänzungen des Einkommens durch die Arbeit der Kinder! Und ebenso sei hier daran erinnert, dass schon die Berichte der französischen Präfekten und Unterpräfekten und ebenso Herr Karl Grad bei der Baumwollenquête von 1878/79 in der relativen Niedrigkeit der Löhne eine der Hauptursachen der Prosperität der Oberelsässer Fabrikanten erblickten. Aber wie gesagt, ich wollte nicht und will nicht die Lohnverhältnisse im Oberelsass mit denen in Altdeutschland vergleichen, weil ich in keiner Weise den Schein erwecken möchte, als ob ich die letzteren für günstige hielte.

Woran ich vielmehr bei jenem Vergleiche dachte, und woran ich festhalte, ist, dass einmal der Stand der Bildung und sodann und vor allem die rechtliche Lage der Arbeiter im Elsass weit schlechter ist als die der analogen Arbeiterkategorien Altdeutschlands. Und welcher Deutsche, frage ich, der die oberelsässische Arbeiterbevölkerung nicht blos aus schönfärbenden Berichten am Studiertisch, sondern in persönlichem Umgang kennen gelernt hat, war nicht betroffen von dem unglaublich geringeren Bildungsstand, den der oberelsässer Arbeiter im Vergleich mit dem altdeutschen aufweist? Vor allem aber, ist angesichts des Fortbestandes der alten französischen Gesetzgebung, welche Gewerkvereine verbietet, und der französischen Gesetzgebung von 1841 als einzigen Fabrikgesestzes zu leugnen, dass die Lage der Arbeiter im Elsass erheblich schlechter als die der altdeutschen ist? Hat nicht Herr Winterer selbst am 22. Januar 1886 dem Landesausschusse wegen der rechtlichen Unmöglichkeit, dass die Arbeiter Gewerkvereine bilden, heftige Vorwürfe gegen die Regierung gerichtet, und dabei auch auf Altdeutschland exemplificiert? Hat er nicht in der oben angeführten Stelle seiner gegen mich gerichteten Schrift es als sehr wahr bezeichnet, dass die Fabrikgesetzgebung über Kinder, jugendliche Arbeiter und Frauen in Altdeutschland dem Arbeiter günstiger sei als im Elsass? Und, Herr Mossmann, sind es denn nicht die oberelsässischen Grossindustriellen gewesen, welche die Einführung der deutschen Gewerbeordnung im Elsass so geschickt zu hintertreiben verstanden, welche für diese schlechtere rechtliche Lage der oberelsässer Arbeiter verantwortlich sind?

Fassen wir das eben Dargelegte zusammen, so ergibt sich also: die Taktik der Oberelsässer hat sich verändert. Wie sie früher hochmütig die bessere Lage der oberelsässer Arbeiterklasse behaupteten und aus diesem Grunde diese deutsche Arbeitsgesetzgebung für überflüssig erklärten, sehen sie sich nunmehr genötigt, geltend zu machen, die Lage der altdeutschen Arbeiter sei ebenso schlecht wie die der ihren. Sehen wir von dem tieferen Bildungsstand der oberelsässer Arbeiter ab, so soll dies auch nicht bestritten werden, ausgenommen was die rechtliche Lage der Arbeiter angeht. Ich acceptire also die eingetretene Veränderung in der Taktik. Allein die Oberelsässer müssen auch willig die Consequenzen ziehen, die sich aus ihr ergeben. Gewiss: tout et tous comme chez nous; hättet Ihr Euch nicht besser gemacht als alle Anderen, so hätte ich Euch auch nicht Pharisäer genannt! Da Ihr aber ebenso seid wie die Anderen, deshalb — auch dasselbe Gesetz wie für diese, dieselbe rechtliche Lage für Euere Arbeiter, wie die der altdeutschen Arbeiter ist!

Hier aber kommen wir zu dem praktischen Erfolge, den die oberelsässer Fabrikanten noch heute herbeizuführen bemüht sind.

Sehr bald, nachdem mein Buch erschienen war, verlautete, dass die Absicht bestehe, die deutsche Gewerbeordnung mit Ausnahme weniger Bestimmungen über das Buchdrucker- und Buchhändlergewerbe u. dgl. im Reichslande einzuführen.

Dies wurde im Reichsland allgemein mit meinem Buche in Beziehung gebracht. Aber — ich will nicht sagen ebendeshalb — wurde alsbald verbreitet, dass diese Vermutungen irrig seien; die Regierung habe längst diese Einführung beabsichtigt. Allerdings stehen alle vertraulichen Mitteilungen, die mir hierüber zu Ohren kamen, mit diesem Dementi im Widerspruch. Indess habe ich nicht den Ehrgeiz, mich in einen Streit hierüber einzulassen, da ich bei meinem Buche ja nie etwas für meine Person gesucht, sondern stets nur die Sache im Auge gehabt habe. Und mit der grössten Freude habe ich den Gesetzentwurf begrüsst, den unter dem 9. Juni 1887 der Bundesrat dem deutschen Reichstag zugehen liess, und in welchem die Einführung der Gewerbeordnung im Reichsland für den 1. Januar 1888 ausgesprochen wurde.

Nun sind die oberelsässer Fabrikanten viel zu klug, als dass sie daran hätten denken können, die gesetzliche Einführung der Gewerbeordnung länger zu hintertreiben. Allein die Erfahrungen, die sie mit der französischen Fabrikgesetzgebung früher gemacht hatten, sowie gar manche Erfahrungen während der vorausgegangenen Jahre deutscher Verwaltung hatten ihnen gezeigt, dass Einführung und Durchführung etwas Verschiedenes seien, und dass es insbesondere die mannigfachsten Arten der Durchführung gebe.

Nun ist es bemerkenswert, dass die Liebenswürdigkeit, mit der die Fabrikanten den deutschen Beamten entgegenkommen, sehr zugenommen haben soll.

Ich habe schon zu Anfang erwähnt, wie ihr berufener Vertreter im Reichstage, Herr Karl Grad, nachdem er noch eben so heftige Wahlreden gehalten hatte, dass sie ihm eine gerichtliche Verurteilung wegen Schmähung von Einrichtungen der deutschen Armee zuzogen, im Reichstage plötzlich versöhnlich auftrat, ja als einziger Elsässer für die neue Branntweinsteuer seine Stimme gab. Bereits als es sich um die neuen Zölle und Steuern im Jahre 1878 handelte, hatte er erfahren, was dies für Wirkungen habe. Aber nicht anders waren die Fabrikanten im Reichsland. Sogar Herr Lalance soll in einem Privatgespräch, das er mit einem deutschen Beamten über mein Buch führte, geäussert haben, die deutsche Regierung werde wohl zusehen, bevor sie den Forderungen desselben Folge leiste. Herr Mossmann versteigt sich sogar unter tiefer Verbeugung vor dem «unvergleichlichen Staatsmanne, dem Deutschland seine. Einheit verdankt», zu der Bemerkung, man könne nicht wissen, ob derselbe nicht eines Tages dem Widerstande, dem er heute im Elsass begegne, nicht das Zeugnis ausstellen werde, dass das Reich dabei ebenso gut fuhr wie die Regierung. Auch sollen selbst bisher sehr deutschfeindliche Firmen sich eifrig bemühen, gewisse Bestrebungen, Fehler in meinem Buche darzuthun, durch Hinweis auf ihre bekannten Wohlfahrtseinrichtungen aufs Bereitwilligste zu unterstützen.

Das ist dieselbe «staatsmännische Vernunft» der Oberelsässer, die der verstorbene Feldmarschall von Manteuffel bekanntlich so oft zu seinem Nachteil kennen gelernt hat. Sobald sie von den Deutschen etwas wünschen, sind sie die liebenswürdigsten Leute. Haben sie erreicht, was sie wollen, so kennen sie den früheren Gnadenspender nicht mehr. Jetzt muss es ihnen selbstverständlich darauf ankommen, die Gesetzgebungs- und Verwaltungsmassregeln, die sie als unvermeidlich erkannten, wenigstens zu mildern. Das ist der praktische Erfolg, den auch die Mossmann'sche Schrift herbeiführen möchte. Auch deshalb suchte sie den von mir zerstörten Glorienschein, der die Mülhäuser Industrieentwicklung bisher umschwebt hat, wiederherzustellen. Auch deshalb mussten meine Angaben über die Mülhäuser Verhältnisse, wenn auch ihre Widerlegung nicht möglich war, so doch wenigstens geschmäht werden. Auch deshalb der Versuch einer Wiederherstellung des Ruhms der Mülhäuser Sozialpolitik und ein Angriff gegen das Bedrohliche allen Staatssozialismus!

Wie sich gezeigt hat, waren alle diese Versuche des Herrn Mossmann vergeblich.

Möge die «staatsmännische Vernunft» der Mülhäuser auch praktisch ebenso erfolglos sein, wie sie es theoretisch gewesen!

Reichenberg i. B. den 10. Oktober 1887.

FSC
www.fsc.org
MIX
Papier | Fördert
gute Waldnutzung
FSC® C083411

Kolibri 360 GmbH
Ferdinand-Jühlke-Straße 7
99095 Erfurt, Deutschland
produktsicherheit@kolibri360.de